Von Raben
und Krähen

To my twa corbies,
Ian and Vincent

Von Raben und Krähen

Britta Teckentrup

Verlagshaus Jacoby & Stuart

Eine Ode an die Krähe

Wenn ich mir einen Lieblingsvogel aussuchen dürfte, dann wäre es die Krähe – wahrscheinlich die Nebelkrähe, die hier in Berlin ansässig ist, weil ich sie direkt von meinem Fenster aus beobachten kann. Wenn ich Nüsse auslege, besucht sie mich auf dem Balkon und versteckt sie manchmal unter einem der Steine im Blumentopf, für später. Wahrscheinlich ist es nicht nur eine Krähe, die mich besucht, sondern eine ganze Familie. Tatsache ist aber, dass ich sie nicht voneinander unterscheiden kann, die Krähen mich aber im Gegenzug sehr wohl erkennen und sich vielleicht sogar über die Nüsse auf meinem Balkon »unterhalten«.

Ein Eichelhäher-Pärchen besucht uns auch, und ich höre ihr kreischendes *Ga-hi* oder *Rrätsch* schon von Weitem. Ich habe mittlerweile gelernt, die Rufe von Nebelkrähen, Eichelhähern und Elstern zu unterscheiden, die so viel facettenreicher sind, als ich je gedacht hätte. Manchmal klingen ihre Rufe sogar wie ein sanftes, liebevolles Schnurren, ganz im Gegensatz zu dem schrillen, lauten Krähenkrächzen, das meist mit Rabenvögeln verbunden wird.

Krähenrufe haben für mich etwas Beruhigendes und begleiten mich seit meiner Kindheit überallhin, ganz egal, wohin es mich in dieser Welt schon getrieben hat. Als ich noch in London lebte, begegnete meinem Mann und mir vor unserem Haus in Hackney in East London einmal eine zahme Krähe, die sich seelenruhig auf die Schulter meines Mannes setzte und Zeit mit uns verbrachte, bis sie nach fünfzehn Minuten wieder davonflog. Eine ganz besondere Erfahrung, die ich nie vergessen werde.

An dieser Stelle übrigens auch vielen Dank an meinen Mann Ian, der wie ich ein großer Krähenfan ist und mich bei der Arbeit an diesem Buch mit seinen vielen Krähenfotos immer wieder inspiriert hat.

Ja, für mich geht nichts über die Berliner Nebelkrähe und wie sie mit lautem *Krah* und voller Wucht auf meinem Balkon landet, sodass alles wackelt. Als ich meiner Mutter von diesem Buchprojekt erzählte, erinnerte auch sie sich an eine Geschichte aus ihrer Kindheit: Eine Dohle besuchte ihren Großvater regelmäßig in seinem Ladengeschäft, wurde zahm und konnte irgendwann eine Melodie, die mein Urgroßvater immer vor sich hinpfiff, perfekt nachahmen.

Alle, denen ich von diesem Buchprojekt erzählt habe, hatten ihre eigenen Erfahrungen mit Krähen und Raben gemacht. Und nun möchte ich meine Begeisterung für diese einzigartigen und oft missverstandenen Vögel in diesem Buch mit Ihnen teilen.

I.

Corvidae: Raben- und Krähenvögel

Krähen und Raben gehören zu den Rabenvögeln. Rabenvögel sind eine Vogelfamilie aus der Ordnung der Sperlingsvögel (*Passeriformes*) und der Unterordnung der Singvögel (*Passeri*). Man mag es nicht glauben, aber Rabenvögel gehören tatsächlich zu den Singvögeln!

Rabenvögel werden in der Ornithologie *Corvidae* oder Corviden genannt und umfassen 129 Arten in 23 Gattungen. Hierzu zählen unter anderem Rabe, Krähe, Häher und Elster. Man kann Raben und Krähen – bis auf das südliche Südamerika und die Antarktis – auf der ganzen Welt antreffen, und sie besiedeln eine Vielzahl verschiedener Lebensräume.

Klasse:	Vögel (*Aves*)
Ordnung:	Sperlingsvögel (*Passeriformes*)
Unterordnung:	Singvögel (*Passeri*)
Familie:	Rabenvögel (*Corvidae*)

Rabe oder Krähe?

Corvidae kann sowohl mit Rabenvögel als auch mit Krähenvögel übersetzt werden. Zoologisch betrachtet unterscheiden sich Krähen- oder Rabenvögel somit also eigentlich nicht und sind eine einzige Vogelfamilie. Beide Bezeichnungen können also synonym verwendet werden und beschreiben dieselben Vögel. Umgangssprachlich werden die größeren Vögel jedoch meistens als Raben und die kleineren als Krähen bezeichnet.

Raben und Krähen zählen zu den größten Arten innerhalb der Ordnung der Sperlingsvögel. Die Gattung *Corvus* umfasst 45 Arten, die meist schwarz sind. Die beiden größten Vertreter der Gattung sind der Erzrabe (*Corvus crassirostris*) und der Kolkrabe (*Corvus corax*), die jeweils eine Körperlänge zwischen 60 und 70 cm und ein Körpergewicht von bis zu 1,5 kg erreichen können und damit die größten Sperlingsvögel und auch die größten Singvögel überhaupt sind.
Rabenvögel sind die höchstentwickelte Gattung der Vogelwelt.

Kolkrabe *(Corvus corax)*
Common raven

Nebelkrähe *(Corvus cornix)*
Hooded crow

Rabenkrähe *(Corvus corone)*
Carrion crow

Geradschnabelkrähe *(Corvus moneduloides)*
New Caledonian crow

Seramkrähe *(Corvus violaceus)*
Violet crow

Saatkrähe *(Corvus frugilegus)*
Rook

Glanzkrähe *(Corvus splendens)*
House crow

Floreskrähe *(Corvus florensis)*
Flores crow

Dohle *(Corvus monedula)*
Jackdaw

Elsterdohle *(Corvus dauuricus)*
Daurian jackdaw

Banggai-Krähe *(Corvus unicolor)*
Banggai crow

Warum ist die Krähe schwarz?

Die meisten Raben und Krähen der Gattung *Corvus* sind schwarz. Je nach Sonneneinstrahlung schimmern die Federn metallisch blau, grün, braun oder violett. Das Melanin in den Federn ist verantwortlich für die tiefe schwarze Farbe der Krähen. Tatsächlich sind schwarze Federn stabiler als weiße Federn und nutzten sich weniger stark ab. Für Feinde, wie zum Beispiel den Habicht oder den Falken, signalisiert die schwarze Farbe auch Ungenießbarkeit; Vögel, deren Gefieder einen hohen Melaninanteil hat, scheinen also weniger schmackhaft zu sein.

Der Kolkrabe

(*Corvus corax, Common raven*)

Der Kolkrabe ist der König der Rabenvögel und nicht nur der größte Singvogel der Erde, sondern auch außergewöhnlich intelligent. Sein Gehirn soll das am höchsten entwickelte aller Vögel sein.

Der Kolkrabe wird bis zu 69 cm groß und kann bis zu 1,625 kg wiegen. Die Flügelspanne beträgt 20 bis 150 cm. Die Augenfarbe des Kolkraben ändert sich von graublau bei Jungvögeln zu braun. Aufgrund seines großen Schnabels, seiner Größe und Intelligenz hat er, außer dem Menschen und dem Uhu, nur wenige Feinde.

Bis 1940 waren Kolkraben in weiten Teilen Mitteleuropas infolge der Verfolgung durch den Menschen nahezu ausgerottet; erst als danach die Verfolgung nachließ, konnte sich der Bestand langsam wieder erholen. Der Kolkrabe ist auf der gesamten Nordhalbkugel, also in Amerika wie in Eurasien verbreitet. Er lebt in Wäldern, Gebirgen und freiem Gelände sowie an Küsten. Ein Kolkrabe kann bis zu 30 Jahre alt werden, in Gefangenschaft sogar noch älter; so sollen Raben am Tower of London über 40 Jahre alt geworden sein.

Kolkraben sind wahre Luftakrobaten und können sogar in Rückenlage fliegen und Saltos schlagen. Man erkennt den Kolkraben an seinen lauten *Rak-rak-rak-rak* oder *Kraa-kraa-kraa-kraa*-Rufen. Er kann auch sehr gut andere Vogelstimmen oder Geräusche imitieren.

Kolkraben brüten einmal im Jahr in der Zeit von Februar bis April und legen drei bis sechs grün-bläulich bis olivbraun gefleckte Eier. Die Brutdauer beträgt etwa 21, die Nestlingszeit etwa 45 Tage. Kolkraben gehören zu den Nesthockern und werden, wenn sie das Nest verlassen haben, noch ungefähr 55 Tage von beiden Eltern mit Nahrung versorgt.

Kolkrabenpaare leben in ständiger Gemeinschaft und bewohnen ihre Horste oft über mehrere Jahre hinweg. Als Standvogel bleibt der Kolkrabe das ganze Jahr in der Umgebung des Nestes. Die Jungvögel leben noch einige Jahre lang in der sozialen Gemeinschaft von Nichtbrütergruppen, bevor sie sich einen Partner oder eine Partnerin suchen.

Der Kolkrabe ist ein Allesfresser und ernährt sich unter anderem von Aas, Ratten und anderen kleinen Säugetieren, Obst, Nüssen, Eiern und Jungvögeln.

Die Amerikanerkrähe

(Corvus brachyrhynchos, American crow)

Vielen wird die Amerikanerkrähe von der Spielplatzszene aus Alfred Hitchcocks Film *Die Vögel* bekannt sein. Jedoch entspricht die Darstellung dieser intelligenten Krähe dort in keiner Weise der Realität. Die Amerikanerkrähe ist die am weitesten verbreitete Krähenart Nordamerikas, vergleichbar mit der europäischen Raben- und Nebelkrähe. Ihr Ruf klingt jedoch anders, etwa *Kaoo!-kaoo!-kaoo!*.

Die Amerikanerkrähe lebt in Prärien, Wäldern, Äckern und urbanen Gebieten. Sie hat eine Gesamtlänge von 40 bis 50 cm, eine Flügelspannweite von 85 bis 100 cm und ein Gewicht von 300 bis 600 g. In freier Wildbahn leben Amerikanerkrähen um die sieben bis acht Jahre, in Gefangenschaft sogar bis zu 30 Jahre. (Hier gibt es allerdings sehr unterschiedliche Informationen: Die älteste in freier Wildbahn erfasste Amerikanerkrähe war mindestens 16 Jahre alt. Eine in New York in Gefangenschaft lebende Krähe soll sogar 59 Jahre alt geworden sein!)

Amerikanerkrähen leben wie Kolkraben in festen, langhaltenden Partnerschaften. Die Brutzeit beginnt im April; Amerikanerkrähen bauen ihre Nester meistens in großen Büschen und auf Bäumen, vorzugsweise Eichen. Manchmal kann man sie aber auch beim Nestbau auf Häusern beobachten. Amerikanerkrähen legen um die sechs Eier und brüten etwa 18 Tage. Nach 36 Tagen sind die Jungen flügge. Junge Krähen brüten erst, wenn sie ein Alter von mindestens zwei Jahren erreicht haben – häufiger sind es sogar vier bis fünf Jahre. In den meisten Krähenpopulationen helfen junge Krähen ihren Eltern bei der Brutaufzucht und leben in einem Familiengefüge von etwa 15 Krähen.

Im Winter suchen Amerikanerkrähen in großen Scharen ihre gemeinsamen Übernachtungsplätze auf. An diesen Schlaforten können sich zwischen ein paar Hundert und bis zu zwei Millionen Krähen versammeln. Manche dieser Plätze gibt es schon seit über 100 Jahren. In den letzten Jahrzehnten suchen die Krähen mehr und mehr urbane Gebiete auf. Dort kommt es dann häufig zu Konflikten mit Menschen.

So wie viele Rabenarten ist auch die Amerikanerkrähe ein begabter Stimmenimitator. Ihr Repertoire beinhaltet Imitationen verschiedenster natürlicher und menschengemachter Geräusche. Hinzu kommt ihr eigenes Repertoire von mehr als 30 verschiedenen frei kombinierbaren Lauten, darunter Warn- oder Alarmrufe, Futter-, Distanz- und Kontaktrufe. Über Nordamerika verteilt ›sprechen‹ die Amerikanerkrähen verschiedene ›Dialekte‹, da sie Sprache innerhalb ihrer Gruppe und nur von ihren unmittelbaren Nachbarn erlernen. So könnte es zwischen Krähen aus verschiedenen Gebieten und Gruppen zu Verständigungsschwierigkeiten kommen.

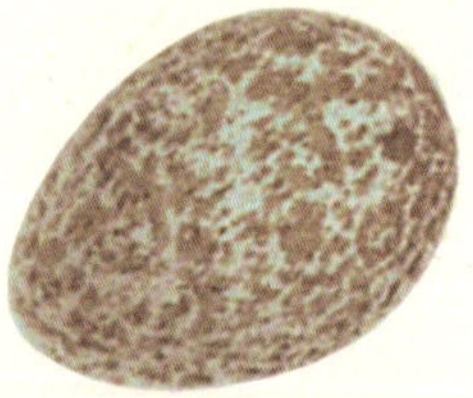

Corviden können auch sehr farbenfroh sein. So sind zum Beispiel verschiedene Gattungen und Arten der Elstern, Häher und Blauraben oft schillernd bunt und erinnern an Paradiesvögel. Das ist kein Wunder, denn die Corviden sind die den Paradiesvögeln am nächststehenden Sperlingsvögel. Hier ist eine kleine Auswahl der farbenfrohen exotischen Rabenvögel, zu denen sogar die meisten Arten der Familie zählen.

Diademhäher
(Cyanocitta stelleri)
Steller's jay

Langschwanzhäher
(Calocitta formosa)
White-throated magpie-jay

Goldbauchelster
(Cissa hypoleuca)
Indochinese green-magpie

Spatelbaumelster
(Crypsirina temia)
Racket-tailed treepie

Grünhäher
(Cyanocorax yncas)
Green jay

Eichelhäher
(Garrulus glandarius)
Eurasian jay

Leiterschwanzelster
(Temnurus temnurus)
Ratchet-tailed treepie

Die Spatelbaumelster

(*Crypsirina temia, Racket-tailed treepie*)

Die Gattung *Crypsirina* umfasst nur zwei Vogelarten – die Spatelbaumelster (*Crypsirina temia*) und die Kapuzenbaumelster (*Crypsirina cucullata*). Die Spatelbaumelster ist im Süden von Myanmar, in Thailand, Indochina, Sumatra, Java und Bali ansässig.

Spatelbaumelstern sind relativ kleine Vögel und zeichnen sich durch ihre kurzen kräftigen Schnäbel, ihr samtiges Stirngefieder, ihr grün-schwarz glänzendes Körpergefieder und ihre auffälligen langen, zum Ende hin verbreiterten Schwanzfedern aus. Diese erinnern an einen Spatel oder Spachtel oder eher an einen Tennisschläger (racket), weshalb sie im Englischen *Racket-tailed treepie* genannt werden.

Spatelbaumelstern leben in südostasiatischen Tieflandwäldern und sind im dichten Geäst von Bäumen und Sträuchern zu Hause. Sie bevorzugen Insekten als Nahrung und bewegen sich bei der Nahrungssuche häufig auch in größeren Gruppen. Sie sind Einzelbrüter und bauen ein offenes Nest in Bäumen und Büschen. Die Gelege umfassen zwei bis vier Eier.

Spatelbaumelstern gehören mit 31 bis 33 cm Gesamtlänge und einem Körpergewicht von 114 bis 145 g zu den kleinsten Rabenvögeln. Sie kommen nur äußerst selten auf den Boden und bewegen sich fast ausschließlich im Geäst und Dickicht. Im Flug legen Spatelbaumelstern meist keine größeren Distanzen zurück.

Der Ruf der Spatelbaumelster ist ein nasales Miauen, oft auch ein hohes, aber schroffes *Tschu*; oder ein tiefer Reibelaut *Tschurg-tschurg*, der am Ende oft wie eine Frage klingt *Tschurrrk?*; oder, wenn die Laute dichter aufeinander folgen, ein schnelles *Tschrrrk-tschrrrk* oder *Gasp-gasp*.

Die Weißbauchbaumelster

(Dendrocitta leucogastra, White-bellied treepie)

Die Gattung *Dendrocitta* umfasst nur sieben Vogelarten. Die Weißbauchbaumelster kommt hauptsächlich in Südasien vor und lebt in dichten tropischen Regenwäldern und Plantagen (besonders Kardamom-Plantagen) in 60 bis 1500 m Höhe. Sie vermeidet den direkten Kontakt zu Menschen und ihren Dörfern und Städten.

Die Weißbauchbaumelster hat eine Gesamtlänge von 45 cm, eine Flügellänge von etwa 14,5 cm und wiegt um die 125 g. Sie fallen besonders durch ihre Schwanzlänge von etwa 28,5 cm auf.

Der Vorderkopf, der Hals, die Flügel und die unteren Schwanzfedern weisen eine schwarze Färbung auf. Der Hinterkopf, die Unterseite und die oberen Schwanzfedern sind weiß. Der Rücken und der Rumpf sind kastanienbraun gefärbt. Männchen und Weibchen sehen gleich aus.

Weißbauchbaumelstern sind Einzelbrüter und bauen ein tiefes offenes Nest in hohen Bäumen und Büschen. Die Brutzeit ist von Februar bis April, und die Gelege umfassen drei bis vier Eier. Ihre Nahrung besteht aus Insekten, Larven, kleinen Säugetieren, Reptilien und Amphibien, Vogeleiern und Nestlingen kleinerer Vögel. Sie fressen auch Früchte, wie Beeren, und haben eine besondere Vorliebe für die reifen Samen des Elefantenseilbaumes (*Sterculia villosa*).

Zu den Lauten, die sie äußern, gehört ein kurzes trockenes Knarzen, das in einem an Froschlaute erinnernden *Kroak* mündet; ein tieferes raues Knarzen, das in einer scharfen Note (*Krrrrrrrrrr!* = Hau ab!) endet; ein kastagnettenartiges Klappern (*Kt-kt-kt-kt*); ein klingelndes *Quang-quang-quang* in drei bis fünf Tonhöhen; einem wellenförmiges *Ko-kuu* (bin hier); ein abruptes *Kraa* (vielleicht ein Alarmruf); ein kehliges *Chuff-chuff-chuff* (während zwei Vögel voreinander stehen und auf und ab hüpfen); ein schnelles *Tuuk-tuuk-tuuk*; und erstaunliche Serien von sieben sehr tiefen »hölzernen« Klopflauten. Die Bedeutung vieler dieser Laute ist nicht klar.

Die Elster

(Pica pica, Common magpie)

Elstern zählen zu den intelligentesten Vögeln und erkennen sich selbst im Spiegel. Es gibt weltweit sehr viele Unterarten, man trifft sie in fast ganz Europa und einigen Gebieten Nordamerikas, Asiens und Nordafrikas an.
Elstern sind zwischen 40 und 50 cm groß und wiegen 200 bis 270 g. Ihre Flügelspannweite beträgt 62 cm. Es handelt sich um Standvögel, sie verbringen also das ganze Jahr am gleichen Ort und überwintern in ihren Nestern. Elstern können bis zu 16 Jahren alt werden – in freier Wildbahn werden sie jedoch oft nur drei bis vier Jahre alt. Sie sind auffällig schwarz-weiß gefärbt und haben einen langen keilförmigen Schwanz. Wie bei den meisten Rabenvögeln haben Weibchen und Männchen ein identisches Federkleid.
Der Lebensraum der Elstern sind offene Landschaften, lichte Wälder und Waldränder, Gärten und Parks. Sie sind gerne schon vor Sonnenaufgang unterwegs.
Die Balz der Elster beginnt im März. Wenn Elstern ihren lebenslangen Partner gefunden haben, bauen sie ihr gemeinsames Nest in hohen Bäumen und Büschen. Das Nest ist besonders auffällig, denn es ist sehr groß, kugelförmig und hat ein Dach, damit sie beim Brüten sicher vor ihren Feinden sind. Das Gelege besteht aus vier bis acht grünlich-dunkelbraun gefleckten Eiern, und die Brutdauer beträgt 17 bis 20 Tage.
Während der Balz kann man ihre Balzflüge beobachten. Am Boden ähnelt ihr Verhalten dem anderer Vögel, wenn das Männchen mit aufgeplusterten Federn um das Weibchen herumläuft. Daraufhin legt dieses oft das typische Bettelverhalten mit Bettelrufen an den Tag. Er übergibt ihr dann kleine Geschenke, die sie versteckt.
Zu den Feinden der Elster zählen der Uhu, der Habicht, der Sperber, der Wanderfalke, das Eichhörnchen, der Waschbär, die Krähe und der Kolkrabe. Paare verteidigen ihr Revier gegen andere Elstern. Noch nicht verpaarte und nichtterritoriale Elstern bilden lockere umherziehende Gruppen von zehn bis fünfzig Individuen. Oft kommt es zwischen den Brutpaaren und den jugendlichen Nichtbrütern zu Revierkämpfen. Eine starke und gute Paarbindung ist deshalb wichtig.
Der Warnruf der Elster ist das sogenannte Schäckern – ein hartes *Scha-k* oder auch *Tschaah-tscha*. Der Plaudergesang der Elster ist leise und unauffällig, man hört ihn häufig in der Nähe des Nestes; er dient zur Festigung der Partnerschaft.
Man kann Elstern auch oft auf dem Rücken von Nutztieren sitzend beobachten, sei es zum Ausruhen oder als Ansitz, oder zum Entfernen von Parasiten. Die Nahrung der Elster besteht aus Würmern, Insekten, Spinnen, Schnecken, Vogeleiern, Vogelküken, kleinen Säugetieren, Aas, Früchten, Abfällen, Sämereien.

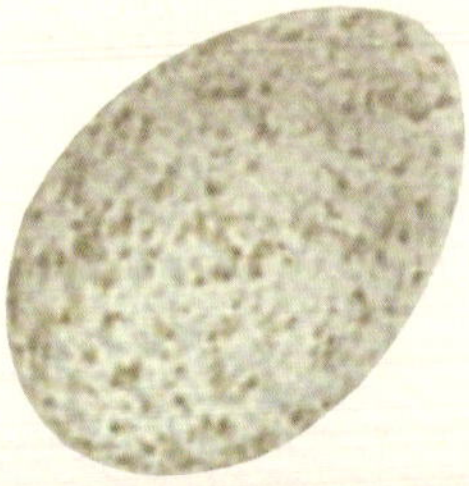

Die Alpenkrähe

(*Pyrrhocorax pyrrhocorax, Red-billed chough*)

Zusammen mit der Alpendohle (*Pyrrhocorax graculus*) bildet sie die Gattung der Bergkrähen (*Pyrrhocorax*). Es handelt sich dabei um eine sehr alte Entwicklungslinie der Rabenvögel, die nah mit südasiatischen Elstern verwandt ist. Die Alpenkrähe ist auf das Leben in felsigem Gelände spezialisiert und hauptsächlich in der Paläarktis, also im Norden der Alten Welt, verbreitet. Der Vogel ist schlank gebaut und zeichnet sich vor allem durch seine langen roten Beine und den roten schmalen, länglichen und gebogenen Schnabel aus. Die Körperlänge beträgt 38 bis 41 cm, die Flügelspannweite 72 bis 90 cm. Die Rufe klingen wie *Griää, Tschiouu, Tijaff, Kju* oder *Ker-ker.*

Die Alpendohle

(*Pyrrhocorax graculus, Yellow-billed chough*)

Alpendohlen leben sehr gesellig, sie bewegen sich in Schwärmen und brüten gelegentlich in Kolonien. Ihr Nest errichten sie zwischen April und Juni in Felsnischen. Alpendohlen kommen nur im Winter in den tieferen Bergregionen vor; meist leben sie oberhalb der Baumgrenze. Sie zeichnen sich durch waghalsige Flugmanöver und akrobatische Segelflüge aus. Alpendohlen können das Wetter »vorhersagen«. Ihr Erscheinen in den Tälern im Winter gilt als Vorbote von frühen Schneefällen. Eigentlich sind Alpendohlen Standvögel. Im Winter weichen sie jedoch zur Nahrungssuche oft in tiefere Regionen aus. Die Vögel haben einen gelben leicht nach unten gebogenen Schnabel und rote Beine. Sie sind 37 bis 41 cm groß. Die Flügelspannweite beträgt 68 bis 80 cm. Die Nahrung der Tiere besteht zum Großteil aus Beeren und Wirbellosen, bei Gelegenheit fressen sie aber auch kleine Wirbeltiere, Vogeleier oder menschliche Abfälle. Ihre pfeifenden Rufe klingen wie *Zirrr* oder auch *Zrr-rieh.*

Tannenhäher

(*Nucifraga caryocatactes,*
Spotted nutcracker)

Er ist 32 bis 35 cm groß mit einer Flügelspannweite von 54 bis 58 cm. Die Vögel sind überwiegend braun gefärbt und mit weißen Flecken übersät. Auffällig sind vor allem die dunkelbraune Kappe am Kopf und der weiß gefärbte kurze Schwanz. Die beiden Geschlechter können äußerlich nicht voneinander unterschieden werden. Der Tannenhäher ist ein Standvogel und legt pro Jahr bis zu 6000 Vorratsverstecke an, welche die Tiere von Spätsommer bis zum Sommer des Folgejahres ernähren können. Davon werden etwa 80 % wiedergefunden – sogar unter einer Schneedecke! Tannenhäher leben in Nadel- und Mischwäldern in Gebirgsregionen, die einen hohen Nadelholzanteil aufweisen. Ihre Rufe klingen wie *Kärr-kärr.*

Eichelhäher

(*Garrulus glandarius, Eurasian jay*)

Er ist 32 bis 35 cm groß und hat eine Flügelspannweite von 54 bis 58 cm. Eichelhäher sind rötlich braun bis rosa gefärbt. Charakteristisch sind die schwarz-weiße Flügelzeichnung und das blau schillernde Flügelfeld. Bei Erregung stellt der Eichelhäher die Scheitelfedern auf. Man trifft ihn vor allem in lichten Wäldern an, aber auch in Gärten, Dörfern und Städten ist er häufig unterwegs. Auch der Eichelhäher sammelt und versteckt Wintervorräte. Dabei kann er bis zu zehn Eicheln in seinem Kropf transportieren. Durch das Verstecken von Eicheln haben Eichelhäher erheblich zur Ausbreitung der Eichenwälder beigetragen. Eichelhäher sind besonders begabt im Imitieren anderer Vögel. Ihr Ruf klingt wie *Krschäääh.*

Guamkrähe *(Corvus kubaryi)*
Mariana crow

Molukkenkrähe *(Corvus validus)*
Long-billed crow

Sundakrähe *(Corvus enca)*
Slender-billed crow

Braunkopfkrähe *(Corvus fuscicapillus)*
Brown-headed crow

Amerikanerkrähe *(Corvus brachyrhynchos)*
American crow

Alaskakrähe *(Corvus caurinus)*
Northwestern crow

Celebeskrähe *(Corvus typicus)*
Piping crow

Buntschnabelkrähe *(Corvus woodfordi)*
White-billed crow

Bougainvillekrähe *(Corvus meeki)*
Bougainville crow

Greisenkrähe *(Corvus tristis)*
Grey crow

Kapkrähe *(Corvus capensis)*
Cape crow

Kubakrähe *(Corvus nasicus)*
Cuban crow

Die Rabenkrähe und die Nebelkrähe

(*Corvus corone & Corvus cornix, Carrion crow & Hooded crow*)

Die Rabenkrähe und die Nebelkrähe gehören zur Gattung *Corvus* in der Familie der Rabenvögel (*Corvidae*).
Sie sind 45 bis 49 cm groß und haben eine Flügelspannweite von 93 bis 104 cm. Die Rabenkrähe ist komplett schwarz, die Nebelkrähe ist hellgrau-schwarz gezeichnet. Die Rabenkrähe ist eher im westlichen Mitteleuropa vertreten, wohingegen im östlichen Europa die Nebelkrähe verbreitet ist. Die Verbreitungsgrenze der beiden Vogelarten geht mitten durch Deutschland, und in einer Überschneidungszone, die etwa entlang der Elbe verläuft, verpaaren sich die beiden Krähenarten auch miteinander, sodass vereinzelt Hybride aus beiden Arten auftreten. Die Färbungen fallen dann sehr individuell aus, sind aber nach wie vor unverkennbar die von Raben- oder Nebelkrähen.
Raben- und Nebelkrähen sind Standvögel. Sie brüten paarweise, nicht in Kolonien wie die Saatkrähen oder Dohlen. Zur Brutzeit treten sie entweder als territoriale Brutpaare oder als revierlose Nichtbrüter in kleineren Gruppen auf. Diese Reviere können über zehn km^2 groß sein und werden gegen umherziehende nichtbrütende Artgenossen und natürliche Feinde wie Greifvögel oder Kolkraben verteidigt. Teilweise leben Brüter aber auch in lockeren Verbänden mit unverpaarten Krähen zusammen, die in den Revieren geduldet werden. Paare sind sehr selten nur zu zweit in ihrem Revier.
Außerhalb der Brutzeit treten die Vögel in großen lärmenden Schwärmen auf. Die Rufe der Rabenkrähe sind: *Kräh Krah Krarr*, zwei- bis sechsmal wiederholt. Der Ruf der Nebelkrähe ist ein etwas helleres und metallischeres *Krah*. Die Verständigung zwischen Raben- und Nebelkrähe ist nicht immer einfach, da es Bedeutungsunterschiede zwischen ihren »Sprachen« geben kann.
Raben- und Nebelkrähe sind Allesfresser und ernähren sich u.a. von Samen, Beeren, Nüssen, Früchten, Abfall und Aas.
Sie können bis zu 20 Jahre alt werden.

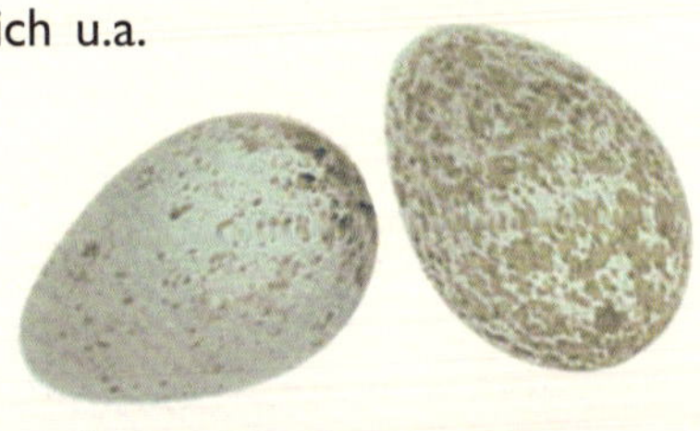

Die Dohle

(*Corvus monedula, Western jackdaw*)

Die Dohle ist mit ihren etwa 36 cm Körperhöhe kleiner als die Raben- oder die Nebelkrähe. Sie hat ein Gewicht von etwa 280 g und eine Flügelspannweite von 72 cm. Ihre Lebenserwartung beträgt um die 15 Jahre.

Dohlen zählen sowohl zu den Standvögeln als auch zu den Zugvögeln. Sie sind Teilzieher. Sie haben einen stämmigen Schnabel und einen dicken Kopf. Besonders auffällig sind ihre hellblau-grauen Augen. Das grau-schwarze Gefieder der Dohlen schimmert in der Sonne leicht bläulich. Männchen und Weibchen haben das gleiche Gefieder. Dohlen können wohl im Alter »ergrauen«, also Ausbleichen, was auf die Veränderung der Federstruktur zurückzuführen ist; das Licht wird dann anders reflektiert.

Sie sind sehr gesellig und sozial und kümmern sich sogar um kranke Tiere. Sie leben in Gruppen zusammen und vergesellschaften sich oft mit Saatkrähen. Das Verbreitungsgebiet der Dohle reicht vom nordafrikanischen Atlasgebirge über Europa bis zum Baikalsee. Dohlen leben in Parks mit altem Baumbestand, offenen Kulturlandschaften, Wäldern, an Steilküsten, in Dörfern und Städten.

Die Dohle ist ein Höhlenbrüter. An den Küsten brütet sie in Felsspalten; in Dörfern und Städten oft in Löchern und Nischen in alten Burgen, Kirchtürmen, Häusern und Schornsteinen. Sie brüten in Kolonien. Die Brutzeit dauert von April bis Juni. Die Balz der Dohlen kann man im März beobachten. Ein Paar ist sich ein Leben lang treu. Um ihre Beziehung zu festigen, putzen sie sich unter anderem gegenseitig das Gefieder.

Beide Partner bauen das Nest zusammen. Das Weibchen brütet die Eier alleine aus, während das Männchen sie mit Nahrung versorgt. Die Brutdauer beträgt etwa 18 Tage. Die jungen Dohlen gehören zu den Nesthockern. Die Nestlingsdauer beträgt etwa 32 Tage. Die Jungen werden im Nest von beiden Eltern mit Nahrung versorgt.

Der Ruf der Dohlen ist ein kurzes einsilbiges und metallisch-schnalzendes *Kja-kja* oder *Kjack-kjack*. Dohlen sind sehr ruffreudige Vögel und besitzen ein sehr breites Repertoire an Lauten – ihre Rufe existieren in vielen unterschiedlichen Varianten.

Die Dohle ist ein wahres Stimmwunder und kann auch Stimmen und Rufe anderer Vögel imitieren.

Dohlen fressen u.a. Beeren, Früchte, Nüsse, Mäuse, Insekten, Abfälle, Schnecken oder Fische.

Tamaulipaskrähe *(Corvus imparatus)*
Tamaulipas crow

Palmenkrähe *(Corvus palmarum)*
Palm crow

Sinaloakrähe *(Corvus sinaloae)*
Sinaloa crow

Antillenkrähe *(Corvus leucognaphalus)*
White-necked crow

Jamaikakrähe *(Corvus jamaicensis)*
Jamaican crow

Fischkrähe *(Corvus ossifragus)*
Fish crow

Weißhalsrabe *(Corvus cryptoleucus)*
Chihuahuan raven

Hawaiikrähe *(Corvus hawaiiensis)*
Hawaiian crow

Dickschnabelkrähe
(Corvus macrorhynchos)
Large-billed crow

Salvadorikrähe *(Corvus orru)*
Torresian crow

Neuhollandkrähe *(Corvus coronoides)*
Australian raven

Die Saatkrähe

(*Corvus frugilegus, Rook*)

Sie ist 44 bis 46 cm groß und hat eine Flügelspannweite von 81 bis 99 cm.

Saatkrähen können bis zu 20 Jahre alt werden. Sie sind besonders an ihrem unbefiederten hellgrauen Schnabelansatz zu erkennen. Jungvögel entwickeln den hellen Schnabelansatz im ersten Winter; bis dahin sehen sie einer Rabenkrähe sehr ähnlich.

Das Gefieder der Saatkrähe ist tief schwarz-bläulich glänzend. Das Gefieder von Weibchen und Männchen sieht gleich aus. Saatkrähen sind auch an den Beinen gefiedert und haben eine Art Hose an. Dadurch sieht der Gang der Saatkrähen wie ein Schreiten aus.

Saatkrähen sind überwiegend auf Ackerflächen zu Hause, man sieht sie aber auch in Parks sowohl in Städten als auch Dörfern und in lichten Wäldern und anderen halboffenen Flächen. Die Nähe des Menschen scheuen sie nicht. So liegen viele ihrer Brutkolonien und Schlafplätze in unmittelbarer Nachbarschaft zu menschlichen Siedlungen. Sie brüten in riesigen Kolonien mit bis zu 25.000 Nestern, oft in Parkanlagen großer Städte.

Saatkrähen vergesellschaften sich gerne mit Krähen und Dohlen, und man kann sie oft dabei beobachten, wie sie in Scharen auf dem Boden nach Nahrung suchen. Die im Winter aus Osteuropa nach Westen kommende Saatkrähe wird auch Winterkrähe genannt, weil sie in einigen westeuropäischen Großstädten große Überwinterungskolonien etabliert hat. In West- und Südeuropa ist sie aber ein Standvogel.

Die sozial lebende Saatkrähe ist sehr ruffreudig und verfügt über eine Vielzahl von Rufen, die heiserer und nasaler als die der Rabenkrähe klingen. Der häufigste Ruf ist das *Kah* oder *Krah*, das zum Beispiel beim rituellen Verbeugen sich begrüßender Partner eingesetzt wird. In aggressiven Situationen hört sich dieser Laut länger und höher an, wie *Krääääh*.

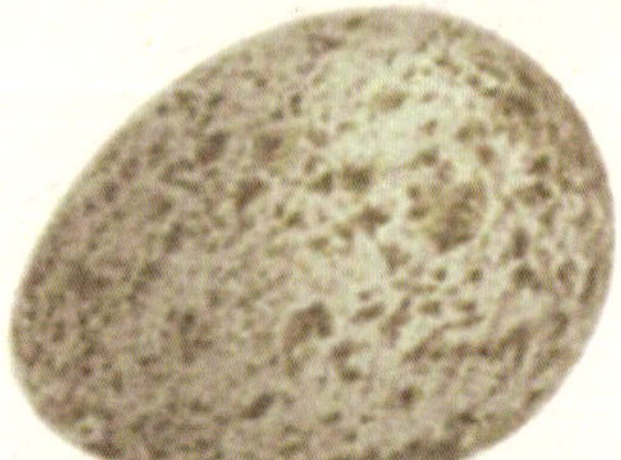

Der Schildrabe

(Corvus albus, Pied crow)

Seinen Namen verdankt er der schildförmigen weißen (lateinisch *albus*) Brust- und Halspartie. Der Schildrabe ist 45 bis 53 cm groß, hat ein Gewicht von etwa 520 g und eine Flügelspannweite von 85 bis 98 cm. Sein Gefieder ist glänzend schwarz bis auf die weiße Brust, die Schultern und das weiße Halsband.

Tatsächlich ist der Schildrabe einerseits der einzige Rabenvogel Madagaskars und andererseits der am weitesten verbreitete Rabenvogel Afrikas. So ist er auf dem afrikanischen Kontinent vom Senegal, dem Sudan, Nord-Äthiopien und Somalia bis zum Kap verbreitet (mit Ausnahme von Ost-Namibia und Süd-Botswana), sowie auf der Insel Bloko Im Golf von Guinea und auf einigen Inseln vor der Ostküste Afrikas, wie Sansibar, Pemba, den Komoren und Madagaskar.

Schildraben leben meistens im offenen Gelände, oft in der Nähe von menschlichen Siedlungen, wo sie nach Abfällen suchen. Man trifft sie auch in Höhen bis 4500 m an, beispielsweise am Kilimandscharo. Weiterhin sind sie häufig und in großen Zahlen auf Getreidefeldern oder in der Nähe von Schlachthäusern anzutreffen. Den direkten Kontakt zu Menschen meiden sie jedoch.

Der Schildrabe ist ein Allesfresser. Seine Nahrung besteht u.a. aus Aas, Insekten, Spinnen, Fisch, kleineren Reptilien und Säugetieren, Früchten, Sämereien und Eiern sowie jungen Vögeln oder Fledermäusen, die er manchmal auch im Flug fängt.

Schildraben sind monogame Einzelbrüter und bauen ihr Nest in hohen freistehenden Bäumen oder auf Telegrafenmasten. Die Brutzeit variiert und hängt stark von den jeweiligen Regenzeiten und Breitengraden ab. Von September bis November legt das Weibchen vier bis fünf hellgrüne, braun gesprenkelte Eier, die mit Nistmaterial bedeckt werden Die Brutzeit beträgt 18 bis 19 Tage, die Nestlingszeit etwa 45 Tage. An der Aufzucht der Jungen sind beide Geschlechter beteiligt. Der Ruf des Schildraben ist ein heiseres *Ar-ar-ar-ar* oder *Karh-karh-karh*.

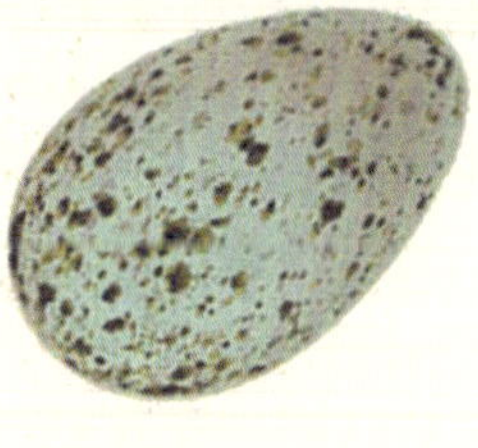

Bennettkrähe *(Corvus bennetti)*
Little crow

Tasmankrähe *(Corvus tasmanicus)*
Forest raven

Wüstenrabe *(Corvus ruficollis)*
Brown-necked raven

Erzrabe *(Corvus crassirostris)*
Thick-billed raven

Geierrabe *(Corvus albicollis)*
White-necked raven

Heinrothkrähe *(Corvus insularis)*
Bismarck crow

Gesellschaftskrähe
(Corvus mellori)
Little raven

Schildrabe *(Corvus albus)*
Pied crow

Halsbandkrähe
(Corvus torquatus)
Collared crow

»Somalirabe« *(Corvus edithae)*
Somali crow

Borstenrabe *(Corvus rhipidurus)*
Fan-tailed raven

Der Erzrabe

(*Corvus crassirostris, Thick-billed raven*)

Der Erzrabe gilt zusammen mit dem Kolkraben als einer der größten Singvögel. Er hat eine Länge von 60 bis 64 cm und ein Gewicht von bis zu 1,5 kg. Der Erzrabe ist in ostafrikanischen Gebirgsregionen heimisch. Sein Verbreitungsgebiet befindet sich in Äthiopien und Eritrea, er kommt auch vereinzelt im Sudan und in Somalia vor.

Der Hornaufsatz auf seinem Schnabel macht den Erzraben unverwechselbar. Die Spitze des Schnabels und ein Teil des Hinterkopfs sind weiß, ansonsten ist der Erzrabe braun-schwarz und blau-schwarz schimmernd gefiedert. Weibchen und Männchen sehen gleich aus. Erzraben leben sowohl in offenen Landschaften als auch in Waldgebieten und an Seen, wo sie den Fischern oft den frischgefangenen Fisch stehlen. Sie sind aber auch in der Nähe von Dörfern und Städten (wie etwa Addis Abeba) anzutreffen, solange hohe Bäume in der Nähe sind. Dort werden Erzraben als »Stadtreiniger« geschätzt.

Die Schlafplätze der Erzraben befinden sich meist in den Bergen fernab von menschlichen Siedlungen. Dort findet auch die Paarung und Brut statt. Während der Paarungszeit ist der Erzrabe, der sonst ein sehr sozialer Vogel ist, besonders auf die Verteidigung seines Territoriums bedacht. Paarungszeit und Brutzeit sind die Monate Dezember, Januar und Februar. Das Nest ist ein napfförmiges Gebilde aus Zweigen, Haaren, Gras und Wolle und wird entweder hoch oben im Baum oder auf unerreichbaren Felsvorsprüngen gebaut. Das Weibchen legt drei bis fünf Eier in das Nest.

Der Erzrabe ist wie fast alle Raben und Krähen ein Allesfresser. Er ernährt sich von Larven, Aas, Fleischresten, Fisch, Speiseabfällen, kleinen Reptilien und Säugetieren, Vögeln, Eiern und Getreide. Der Ruf des Erzraben ist für einen so großen Rabenvogel ungewöhnlich hoch. Typisch ist ein reibend blubberndes Geräusch und ein tiefes pfeifendes *Kroak*. Oder ein an Schweinegrunzen erinnerndes Geräusch (*Urrrk* oder *Grrrrar*) und ein doppelt gehustetes *Harr-harr*.

Die Hawaiikrähe

(*Corvus hawaiiensis, Hawaiian crow* oder *'Alalā*)

Sie ist die wahrscheinlich seltenste Krähe überhaupt und existiert nur noch auf Hawaii selbst in menschlicher Obhut. Sie war früher auf allen Hawaiinseln verbreitet. Der Rückgang der Population begann Ende des 19. Jahrhunderts mit dem Erscheinen der weißen Farmer auf den Hawaiinseln, die sie als Plage betrachteten. Die Farmer lockten die Krähen an, indem sie ihren Schrei nachahmten und schossen sie ab. Zu Beginn des 20. Jahrhunderts waren die einst großen Schwärme verschwunden und seit 2002 gilt die Hawaiikrähe in der Wildnis als ausgestorben. So ereilte sie zur selben Zeit dasselbe Schicksal wie die nordamerikanische Wandertaube.

Die Hawaikrähe ist 48 cm groß. Ihr Körper ist komplett schwarz, nur die Schwingen sind einen Hauch blasser gefärbt. Sie hat braune Augen, die Jungvögel wiederum haben blaue Augen. Auf hawaiisch wird die Hawaiikrähe auch 'Alalā genannt, was sowohl mit *Mit der Sonne aufwachen* als auch mit *Wie ein kleines Tier schreien* übersetzt werden kann. Und tatsächlich erinnert der Ruf dieser Krähe, der schon in der Morgendämmerung zu hören ist, an das Schreien eines kleinen Kindes. Sie ist wie ihre Artgenossen ein Allesfresser und in der Forschung sind Hawaiikrähen wegen ihrer raffinierten Werkzeugnutzung bekannt

Für gewöhnlich legt sie fünf Eier, die jeweils von einem Elternteil bebrütet werden, während der andere still daneben hockt. Es wurden immer wieder Versuche unternommen, gezüchtete Tiere auszuwildern – jedoch ohne Erfolg.

II.

Mythen und alte Geschichten von Rabenvögeln

Raben und Krähen haben die Menschheit seit jeher begleitet und fasziniert.
Immer wieder tauchen sie in Mythen und alten Geschichten ganz verschiedener Kulturen auf.
Dabei spielen die Rabenvögel von Kultur zu Kultur ganz unterschiedliche Rollen und bekommen jeweils einen vollkommen anderen Charakter zugeschrieben.

Weltenschöpfer, Glücksbringer und rabenschwarze Unglücksraben

Am Anfang war schwarze Nacht. Irgendwann aber trat ein nachtschwarzer Rabe aus dieser Nacht heraus und stellte fest, dass er durch dieses Heraustreten aus der Polarnacht die Welt geschaffen hatte, erzählen sich die Inuit.

Bei anderen Völkern ist der Rabe nicht gleich der Weltenschöpfer, doch er ist immer ein Vogel mit magischer Macht. Und zwar, je nach Kultur, ist der Rabe Unglücksbringer, Glücksbote oder Weisheitsvogel zugleich.

Ein rabenschwarzer Tag ... Rabenvögel haben in unserer Kultur vielfach einen schlechten Ruf. Sie gelten als hinterhältig, diebisch oder gemein. Woher kommt der schlechte Ruf? Vielleicht, weil der Rabe schwarz und finster ist und als Galgenvogel und Aasfresser oft mit dem Tod verbunden wird.

Es war jedenfalls das Schicksal schlechter Menschen, zum Rabenaas zu werden. »Geh doch zu den Raben!«, »es kórakas«, so verwünschten schon die alten Griechen einander. Krahen waren ungeliebt; Todesmythen begleiteten sie, auch weil ihre Schwärme Schlachtfelder und Richtstätten umflatterten.

Anders hielten es die Anhänger Zarathustras im alten Persien. Sie legten ihre Toten oben auf Türme, damit die Vögel, vor allem die Raben, sie holten. Entsprechend geachtet waren die Rabenvögel dort.

Und Raben waren auch die Vögel der Weisheit. Gerade Pallas Athene, die Weisheitsgöttin der alten Griechen, umgab sich gern mit Krähen, ebenso wie mit deren ärgsten Konkurrenten, den Eulen. Für die enge Bindung der Krähen an die Göttin gab es folgende Erklärung: Koronís – der Name bedeutet Krähe – war eine wunderschöne Königstochter, die es dem Meeresgott Poseidon dermaßen angetan hatte, dass er ihr, als sie am Strand entlangging, nacheilte und sie auf der Stelle vergewaltigen wollte. Da flehte sie Pallas Athene um Hilfe an, und die verwandelte sie in eine Krähe, die fliegend dem lüsternen Gott entkam.
Die Krähe war lange Zeit der Lieblingsvogel der Göttin, bis sie sich als allzu klatschsüchtig erwies. Deshalb musste sie dann hinter der ebenfalls klugen Eule zurücktreten.

Auch Athenes Bruder Apollon hatte ein Auge auf eine schöne Koronís geworfen. Vielleicht war es der große Verkünder des Apollonkultes, Aristeas, der die Botschaften des Gottes auch schon einmal in der Gestalt eines Raben überbrachte, durch den diese Koronís von der Liebe des Gottes erfuhr, die ihr schmeichelte. Und bald schon war Koronís von Apollon schwanger, und zwar mit dem Gott Asklepios. Doch während ihrer Schwangerschaft betrog Koronís den Gott mit einem Sterblichen. Das berichtete eine geschwätzige weiße Krähe Athenes Bruder Apollon. Und der verwandelte in seiner Wut die Überbringerin der schlechten Nachricht in eine schwarze Krähe. Koronís aber musste sterben, nachdem Apollon ihr den gerade geborenen Asklepios entrissen hatte, der dann zum großen Heilgott, zum Gott der Ärzte wurde.

Raben sind nicht nur klug; sie können auch die Zukunft voraussagen. Zum Beispiel spüren sie Regen im Voraus und Wasser von Weitem, und auf dem Meer wittern sie das Land schon, bevor es in Sicht ist. Einmal schickte Apollon deshalb einen Raben zum Wasserholen. Der kam aber lange nicht zurück und brachte, als er endlich wieder bei dem Gott landete, eine Ausrede vor, die zwar schlau war, die der Gott aber dennoch als Lüge durchschaute. Wütend verbannte er deshalb diesen Raben als Sternbild des Raben an den südlichen Nachthimmel.

Da Raben in die Zukunft schauen können, gehörten sie im alten Rom zu den Vögeln, deren Flug bei der Vogelschau, den Auspizien, besonders beachtet wurde. Gerne hielt man Raben zu der Zeit auch als Haustiere, denen man das Sprechen beibrachte. In Rom erzählte man sich die Geschichte von einem Raben, der sich täglich auf der Rednertribüne auf dem Forum niederließ und dort in gut verständlichen Worten den Ruhm des Kaisers verkündete. Dieser Rabe wurde berühmt und sehr beliebt, sodass der Schuster, bei dem der Rabe wohnte, reich wurde, weil alle Welt sich von ihm die Schuhe flicken ließ. Das ärgerte einen anderen Schuster so sehr, dass er hinging und den Raben umbrachte. Dies wiederum machte das Volk von Rom so wütend, dass es den neidischen Schuster lynchte. Also hatte der Rabe dem einen Schuster Glück und dem anderen Unglück gebracht.

Bei den Germanen waren die Raben vor allem die Vögel ihres Göttervaters und Rabengotts Odin. Zwei davon saßen auf jeder seiner Schultern und flüsterten ihm zu, was er wissen musste: Hugin, der Rabe des Vorausdenkens, und Munin, der Rabe des Gedächtnisses. Die Wikinger hielten große Stücke auf die prophetischen Fähigkeiten der Raben, weil sie, wie schon die Alten gewusst hatten, ihre Schiffe sicher zu Land führten. Raben soll sogar die Entdeckung Grönlands zu verdanken gewesen sein.

In der Bibel gelten Raben als unrein, und die Geschichte, dass Raben sich nicht gut um ihren Nachwuchs kümmern, dass sie »Rabeneltern« seien (was gar nicht stimmt, denn tatsächlich kümmern sich nur wenige Vögel so sehr um ihren Nachwuchs), stammt aus dem Buch Job. In einer Version der biblischen Sintfluterzählung wird eine Krähe von Noah ausgesandt, um trockenes Land zu suchen; die unzuverlässige Krähe kehrt jedoch nicht zurück. So wird sie von Noah verflucht und muss zur Strafe für

immer krächzen, und ihr weißes Gefieder wird schwarz. Danach schickt Noah eine Taube aus, die bekanntlich mit einem Palmzweig im Schnabel als Friedenstaube zurückkehrt und damit vom Ende der Flut berichtet.

In der christlichen Tradition des Mittelalters ist der Rabe dann geradezu ein Höllenvogel geworden, der im Bund mit teuflischen Mächten ist und zum Aufzug der Hexen am Hexensabbat gehört. Während der Hexenverfolgungen wurden Elstern als verwandelte Hexen angesehen. Zur Abwehr von Unheil wurden tote Elstern oder Krähen an die Haustür genagelt. Als Unglücksraben setzten sie, so hieß es, nach Gottes Willen ganze sündige Städte in Brand.

Aber Rabenvögel sind auch Vögel der Erinnerung. Sie umkreisen Berge, in die sich gute Herrscher zurückgezogen haben, um zum gegebenen Augenblick ihr Land zu retten, etwa den Untersberg bei Berchtesgaden oder den Kyffhäuser am Südrand des Harzes, in dem Kaiser Barbarossa hausen soll, oder auch Berge in England und Wales, in denen sich der gute König Artus auf seine Rückkehr vorbereitet. Von Artus geht sogar die Sage, dass er sich nach seinem scheinbaren Tode in der Schlacht von Camlann in einen Raben verwandelt habe.

III.

Die guten Rabeneltern

Eigentlich sollte es ein Kompliment sein, wenn man als Rabenmutter oder -vater oder als Rabeneltern bezeichnet wird, denn die meisten Rabenvögel kümmern sich sehr intensiv und fürsorglich um ihren Nachwuchs und sind sehr gute Eltern. Sie sorgen sich gemeinsam und gleichberechtigt um die Brutaufzucht. So haben zum Beispiel Rabenkrähen soziale Bindungen, die denen der Menschen sehr ähnlich sind. Sie leben weitgehend monogam und innerhalb eines sozialen Gefüges. Rabenkrähen pflegen ihre Verbindungen zu den Eltern, der Familie, der Großfamilie, der Verwandtschaft und auch zu Krähen außerhalb der Familie. Junge Krähen haben ein großes Bedürfnis nach Nähe und können bis zu fünf Jahre bei ihren Eltern bleiben.

Nestlinge

Woher haben Raben also den Ruf, nachlässig mit ihren Jungen umzugehen?
Junge Raben und Krähen fast aller Rabenvogelarten verlassen aus eigenem Antrieb das Nest, sie sind zu diesem Zeitpunkt noch nicht selbstständig und können kaum fliegen. Oft sitzen sie daher aufgeplustert, unbeholfen und scheinbar verlassen auf dem Boden oder auf einem Ast. Aufgrund dieser Beobachtung haben die Menschen schon vor Hunderten von Jahren den Raben angedichtet, keine besonders fürsorglichen Eltern zu sein. Und so entstand der Ausdruck »Rabeneltern«. Doch in Wahrheit halten sich Mutter oder Vater Rabe stets in der Nähe ihres Nachwuchses auf und füttern und verteidigen ihre Jungen.

Die »Rabeneltern« der meisten Raben- und Krähenarten bleiben ein Leben lang zusammen und leben in monogamer Dauerehe. Dabei gelten Dohlen und Saatkrähen als besonders gesellig, denn sie leben in riesigen Kolonien.

Die Dohlen und Krähen bleiben auch während der Brutzeit beisammen. Bei den Saatkrähen brüten bis zu 100 Paare gemeinsam oben auf Bäumen, meist in über 15 Metern Höhe.

Kolonie

Auch Rabenkrähen und Nebelkrähen vergesellschaften sich in kleineren Schwärmen, die sich besonders in der Abenddämmerung, wenn sie ihre gemeinsamen Schlafbäume aufsuchen, zu großen Schwärmen vereinen. Bis zu 100.000 dieser Vögel kommen Nacht für Nacht immer am selben Ort zusammen.
Das Leben in einer derartigen Kolonie hat für die Vögel viele Vorteile. Sie können sich dort über Futterquellen austauschen, und der Schwarm schützt sie vor Angriffen von Raubvögeln. In diesen Kolonien finden die Vögel auch ihre Lebenspartner. Die Schlafplätze sind also ein Ort des Austauschs von Information, der Kommunikation und der Partnersuche.

Lebenspartner

Rabenkrähen werden erst mit zwei Jahren geschlechtsreif, und es kann noch weitere Jahre dauern, bevor sie einen Lebenspartner finden und zum ersten Mal brüten – oft erst mit drei bis fünf Jahren. Die Nichtbrüter treten als revierlose, kleinere Junggesellen und -gesellinnenschwärme in Erscheinung. Brutpaare wiederum suchen sich während der Brutzeit ihr eigenes Revier und distanzieren sich von den Schwärmen. Ihr überschaubares Brutrevier liegt oft nahe am Geburtsort. Raben und Nebelkrähen brüten, wie auch Elstern und Kolkraben, paarweise und nicht in Kolonien wie Dohlen oder Saatkrähen.

Hat sich ein Paar gefunden, markiert es sein Revier, um sich gegenüber den Nichtbrütern abzugrenzen. Und das Paar verteidigt sein Revier gegen Feinde wie Greifvögel oder Kolkraben; auch nichtbrütende Krähen können zu den Feinden gehören. Oft aber werden lockere Verbände von unverpaarten Krähen in den Revieren geduldet. Paare sind deshalb selten nur zu zweit.

Besonders während der Balz ab Februar sind die außergewöhnlichsten Flugmanöver der Rabenvögel am Himmel zu beobachten. Als Bindungsritual kraulen sie sich mit ihren Schnäbeln gegenseitig behutsam das Gefieder und kommunizieren durch einen leisen, sanften und plaudernden Gesang.

Balzfüttern, gegenseitige Geschenke und rituelles Verbeugen sich begrüßender Partner sind während der Balz ebenfalls zu beobachten.

Nest

Der Horst wird vorzugweise auf hohen Nistbäumen gebaut und oft in der nächsten Brutzeit ausgebessert und wiederverwendet. Das Nest wird aus Zweigen gebaut und die Nestmulde mit Moos und Gras ausgelegt. Beide Partner sind am Nestbau beteiligt. Wie die meisten Vögel haben Krähen keinen externen Penis. Ihr Kopulationsorgan ist die Kloake. Hierbei handelt es sich um einen gemeinsamen Endabschnitt des Darmkanals sowie der Harn- und Geschlechtsorgane. Ein nicht ausstülpbarer Penis in Form kleiner erigierbarer Höckerchen und Falten ist in der Kloake ausgebildet. Wenn Krähen Sex haben, reiben sie sich an dieser Stelle für drei bis zehn Sekunden aneinander, und dabei wird das Sperma übertragen.

Die Eier werden in Westeuropa meistens von April bis Juni gelegt. Das Weibchen brütet in 18 bis 20 Tagen vier bis sechs blaugrüne, dunkelbraun oder olivfarben gefleckte Eier aus. Das Männchen sorgt während dieser Zeit für das Wohlbefinden des Weibchens.

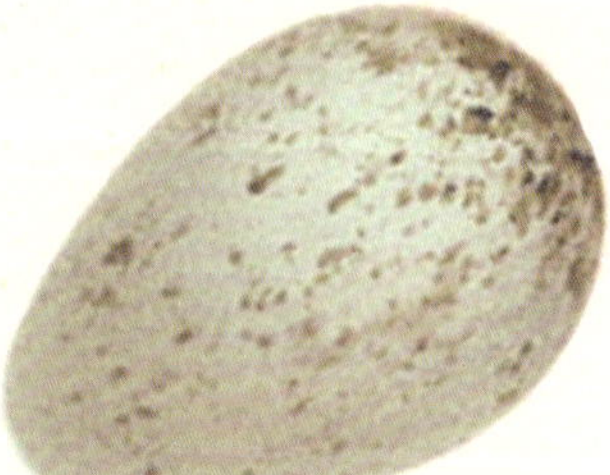

Nesthocker

Im Normalfall brütet ein Rabenkrähenpaar nur einmal im Jahr. Raben und Krähen schlüpfen als sogenannte Nesthocker, die darauf angewiesen sind, dass die Eltern sie wärmen und fortwährend mit Futter versorgen.
Junge Rabenkrähen haben hellblaue Augen, die sich erst nach einiger Zeit braun färben. Bis die Jungen flügge werden, vergehen durchschnittlich fünf Wochen. Die Jungvögel bleiben aber noch weitere vier bis fünf Wochen, davon abhängig, dass ihre Eltern sie weiter füttern, auch wenn sie das Nest schon verlassen können. Die jungen Vögel beobachten unterdessen mit großem Interesse das Verhalten der Eltern und lernen.

Unverpaarte Jungkrähen können bis zu fünf Jahre bei ihren Eltern bleiben und werden oft zu Bruthelfern, die ihren Eltern bei der Aufzucht ihrer Geschwister helfen. Sie füttern das Weibchen und die Jungvögel und warnen vor möglichen Feinden. Dass Vögel aus der nahen Verwandtschaft bei der Brutaufzucht helfen, ist in der Vogelwelt ein äußerst seltenes Phänomen und zeugt von der großen sozialen Kompetenz der

Rabenvögel. Da der Familiensinn und die sozialen Bindungen bei Krähen so ausgeprägt sind, werden sogar Familienmitglieder, die für Jahre »unterwegs« waren, sofort wiedererkannt und meist liebevoll begrüßt. Krähen können sich auch an die Qualität der Beziehung, die sie zu einer anderen Krähe hatten, erinnern. Dementsprechend kann eine Begrüßung dann auch einmal weniger herzlich ausfallen, was am Ruf zu erkennen ist …

IV.

Die Krähensprache

Die meist schäckernden oder krächzenden Rufe der Raben und Krähen und ihr plaudernder Gesang mögen nicht unbedingt schön und melodisch klingen, dafür aber verständigen sich diese Singvögel mithilfe ihrer ausgeprägten und ausdifferenzierten »Sprache« sehr gekonnt. So haben sie ein umfangreiches Vokalisationsrepertoire, das ein- bis mehrsilbige Laute umfasst, die an Kolken, Grunzen, Rülpsen, Knarren, Knacken, Sirren und auch an helle Xylophonklänge erinnern. Wissenschaftler haben die Lautäußerungen der Tiere über Jahre hinweg studiert und herausgefunden, dass sie sich nicht nur viel zu erzählen haben, sondern dass selbst ihre Futterlaute Informationen über Alter und Geschlecht des Raben beinhalten.

Ja, sogar die Namen der Raben und Krähen beziehen sich auf ihre »Sprache«. Die Krähe heißt nämlich Krähe, weil ihre Rufe sich wie *Kräh-kräh*, also wie ein Krächzen anhören. Tatsächlich ist ihr Name in allen indogermanischen Sprachen lautmalerischen Ursprungs: So heißen sie etwa auf Althochdeutsch *krâwa*, auf Mittelhochdeutsch *krâ*, *kraeje*, *kreie* oder *krowe*, auf altslawisch *krâja* und so fort.

Der Ruf der Raben wiederum klingt wie ein *Rararara*. Rabe, althochdeutsch *hraban*, ist mit dem altisländisch *hrafn*, dem englisch *raven* und dem niederländischen *raaf* verwandt, so ist also auch dieser Name lautmalerischen Ursprungs und ahmt scharrende oder kratzende Geräusche nach.

Kolkraben unterscheiden sich in Stimme, Ruf, Gesang und Tonlage von Lebensraum zu Lebensraum, je nachdem, ob sie an der Küste, im Gebirge oder im Wald leben. Dazu können ihre Rufe auch individuell variieren.

Kolkraben können, wie viele andere Krähenarten auch, sehr gut Laute anderer Tierarten nachahmen, wie die Rufe von Krähen, die Balzrufe des Auerhahns, das Grunzen der Wildschweine, gurrende Tauben oder Hundegebell. Sie können sogar technische Geräusche, wie Klingeltöne, Sirenen oder Autohupen fast perfekt wiedergeben.

Der Kolkrabe ist ebenso wie die Dohle besonders bekannt dafür, dass er auch menschliche Stimmen hervorragend imitieren kann. So können sie oft gehörte Sätze wiedergeben. Kaiser Augustus soll einen Raben gehalten haben, der ihn am Morgen mit *Ave Caesar victor imperator* (sei gegrüßt, Caesar, Sieger, Herrscher) begrüßte.

Kolkraben entwickeln über die Jahre für Familienmitglieder eine Art Geheimsprache, die nur innerhalb der Familie verstanden wird – für andere Raben klingt sie wie eine Fremdsprache, und sie bekommen nicht mit, um was es eigentlich geht.

Wenn die Raben im Herbst und Winter mit anderen Familien zusammenleben und ein Rabe Nahrung entdeckt hat, dann ruft er; dies spricht sich sofort herum, und im Nu sind alle da.

Die Rufe der Rabenvögel sind vielfältig.
So rufen Saaträhen unter anderem *Rak-rak-rak, Krah, Kro;*

Nebelkrähen *Arr-arr Ärr-ärr* und *Käär;*

Kolkraben *Kroh-krok, Kraa, Rak-rak-rak-rak, Klong, Raok, Krock, Rrrr;*

Elstern *Schäck-schäck-schäck, Kia, Kjää, Kik, Scha-k* oder auch *Tschaah-tscha;*

Dohlen *Kjak, Kja* und *Ääh-ääh-äähr;*

Eichelhäher *Krschäääh, Dchää dchää, Piüü, Ga-hi, Rrätsch.*

Rabenkrähen können nicht nur krächzen – *Kräh, Krah, Kjaah* –, sondern auch zärtlich sanft *Kr-kr-kr-kr* singen oder plaudern, wenn sie zu ihren Partnern sprechen. Dieser leise Krähengesang ist in der Vogelwelt eher außergewöhnlich.

Im Gegensatz zu vielen anderen Vögeln singen Krähenvögel nicht laut, um einen möglichen Partner aus der Ferne anzulocken. Vielmehr singen sie sanft und leise, oft gurgelnd und plaudernd, wenn der Partner oder die Partnerin in der Nähe ist. Jeder Rabe hat seine eigenen Formulierungen und ist so vom Partner zu erkennen. Rabenvögel erkennen sich über ihre individuelle Stimme zweifelsfrei wieder und verwechseln sich nie.

Krähenrufe

Wissenschaftler haben die Bedeutung von über 250 verschiedenen Krähenrufen identifiziert. So gibt es zum Beispiel verschiedene Warnrufe vor Menschen, Katzen oder Habichten.
Im späten Frühling hört man oft die Kräheneltern, wie sie ihre gerade flügge gewordenen Jungen ermahnen und warnen. Dabei beschimpfen sie auch oft Spaziergänger und andere Feinde, um ihre Jungen zu verteidigen. Als Nestling hat eine Krähe das sprachliche Lernvermögen eines Kindes.

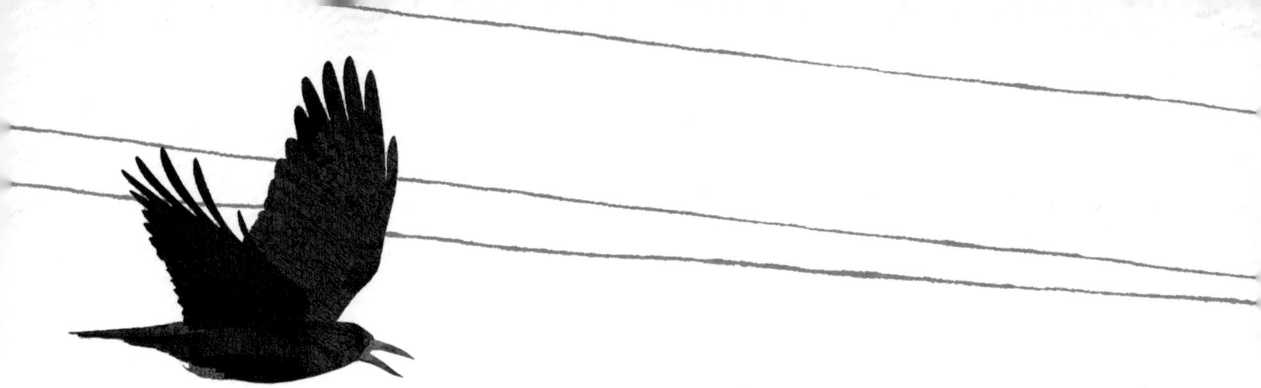

Die Kommunikation von Krähen und Raben untereinander ist sehr differenziert. So gibt es eine laute Sprache zur »allgemeinen Verständigung« und eine leisere Sprache zur Kommunikation innerhalb der Familie.
Rabenvögel ändern auch ihre Stimmlage und Rufart, je nachdem, ob sie auf altbekannte Krähenfreunde oder Feinde treffen. Unbekannte Individuen rufen die Raben mit tiefer und rauerer Stimme an. Solche Laute sind für Feinde bestimmt – etwa Artgenossen, zu denen sie schon früher keine gute Beziehung hatten –, während ihre Stimmlage gegenüber Freunden einen freundlicheren helleren Ton annimmt, so wie bei uns Menschen auch. Rabenvögel erinnern sich also nicht nur an ihre Artgenossen, sondern auch an die Beziehung, die sie zu den Artgenossen hatten, und reflektieren diese Erinnerungen in ihrer Sprache.
Unter den Rabenvögeln, wie etwa bei der Amerikanerkrähe, gibt es auch unterschiedliche regionale Dialekte – insofern als Krähengruppen ihre eigenen Rufelemente entwickeln, an denen sie sich untereinander erkennen und damit eine Art kulturelle Tradition innerhalb der eigenen Gruppe herausbilden. Diesen Dialekt gibt es dann nur innerhalb dieser Gruppe.
Raben verwenden übrigens zur Verständigung nicht nur Sprache, sondern auch Gesten. So wurde beobachtet, dass Raben ihre Schnäbel ähnlich einsetzen wie Menschen ihre Hände, um Objekte, wie zum Beispiel Moose, kleine Steine und Zweige, hochzuhalten und einander anzubieten.

V.

Der kluge Rabenvogel

Rabenvögel gelten als außergewöhnlich intelligent und lernfähig. Sie lernen schnell und benutzen Werkzeuge zielgerichtet. Sie sind die einzigen Vögel, die Werkzeuge nicht nur verwenden, sondern sogar selbst herstellen.
Krähen und Raben haben ein größeres Gehirn als alle anderen Vögel mit Ausnahme der Aras, und im Verhalten ähneln sie eher Primaten als Vögeln.
Untersuchungen an Raben und Krähen haben gezeigt, dass ihre Intelligenz der der Menschenaffen ebenbürtig ist.

Lernen

Krähen beobachten aufmerksam und können ihre Aktionen im Voraus planen. Sie schauen, überlegen, lernen, schätzen ab und scheinen uns manchmal sogar einen Schritt voraus zu sein. Rabenvögel differenzieren und können menschliches Verhalten beurteilen. Sie besitzen die Fähigkeit zu Empathie, zeigen geistige Flexibilität und soziale Intelligenz. Sie sind Individuen mit einem subjektivem Wahrnehmungsbewusstsein.

Von der Arbeitsgruppe um den Psychologen Helmut Prior von der Frankfurter Goethe-Universität wurde nachgewiesen, dass sich Elstern im Spiegel erkennen können. Rabenvögel haben also eine Vorstellung von sich selbst, was zuvor nur bei Menschen ab einem bestimmten Alter, bei Elefanten, Schimpansen und Delfinen nachgewiesen war.

Lernphasen

Ein Grund dafür, warum Rabenvögel so schlau sind, könnte unter anderem in ihrer langen Kindheit liegen und in der Tatsache, dass manche Rabenvögel auch nach der Kindheit noch sehr lange bei ihren Eltern bleiben. So haben sie viel Zeit, in einer sicheren und geschützten Umgebung auch komplexe Dinge zu lernen. Die meisten Jungen intelligenter Tiere haben eine lange Kindheit und Lernphase. Techniken und Wissen werden auf diese Weise von Generation zu Generation weitergegeben. Vögel, so sagt die Forschung, die als Jungtiere lange unter der Obhut ihrer Eltern bleiben, leben länger und haben zudem einen größeren Fortpflanzungserfolg. Sie lernen Raubfeinde schneller zu entdecken und auch gut versteckte Nahrung zu finden.

Geradschnabelkrähen (auch Neukaledonienkrähen genannt) haben die höchstentwickelte Werkzeugkultur im Reich der Krähen. Um an Larven in den engen Öffnungen unter Baumrinden zu kommen, verwenden diese Krähen, die nur in Neukaledonien in der Südsee ansässig sind, kleine Stöckchen als Werkzeug. Dazu befreien sie die Zweige erst von Blättern, nehmen sie dann in den Schnabel und stochern nach Larven. Oft hat eine Krähe ihr eigenes Lieblingswerkzeug, das sie sorgsam aufbewahrt.

Die Jungtiere bleiben bis zu drei Jahre bei den Eltern, eben so lange, wie sie brauchen, um die komplizierte Technik zu erlernen, die es ihnen ermöglicht, an ihre Beute zu gelangen.

Ein Jahr lang füttern die Eltern ihren Nachwuchs, während der zuschaut, mit den Werkzeugen spielt und sich langsam die Technik abschaut.

Raben und Krähen begreifen auch versteckte Zusammenhänge und sind in der Lage, Schlussfolgerungen zu ziehen. Das war bislang nur von Menschen bekannt. 2012 fand Alex Taylor von der University of Auckland bei einem Experiment mit Neukaledonienkrähen heraus, dass die Vögel die Fähigkeit besitzen, von einem beobachteten Phänomen auf eine versteckte Ursache zu schließen.
Sie begriffen den Zusammenhang zwischen einem Stock, der sich scheinbar von selbst bewegt, und einem Menschen, der kurz darauf ein Versteck in der Nähe des Stockes verlässt. In freier Wildbahn kann ihnen solch abstraktes Denken einen großen Überlebensvorteil verschaffen.

An der Universität von Oxford forscht die Arbeitsgruppe um Alex Kacelnik mit den Krähen Betty und Abel. Die verschiedenen Experimente bewiesen, dass die Krähen vorausdenken, also ein Ergebnis vorwegnehmen können. So wie wir eine Aktion im Geist durchspielen, bevor wir handeln.Bei einem der Experimente legten die Forscher Nahrung in ein Loch, das mit einem speziellen Werkzeug herausgefischt werden musste. Um an dieses Werkzeug zu gelangen, mussten die Krähen allerdings erst zwei andere Werkzeuge benutzen. Einige Krähen bewältigten diese Aufgabe im ersten Anlauf. Die Laborkrähe Betty verblüffte die Forscher damit, dass sie Draht zu einem Haken bog, um damit einen kleinen Futterbehälter aus einer Röhre zu angeln.

In Städten nutzen Rabenkrähen Autos oder Straßenbahnen, um Nüsse zu knacken. Wenn eine Ampel auf Rot schaltet, fliegen die Krähen mit einer Walnuss im Schnabel auf die Kreuzung und legen die Nuss auf die Straße. Während der Grünphase schauen sie zu, wie die Autos die Nuss zerdrücken. Bei der nächsten Rotphase können die Krähen die nun schnabelgerecht zerkleinerte Nuss wieder aufsammeln.

Krähen erkennen nicht nur Familienmitglieder, sondern auch andere Krähen als Individuen. Ein Schwarm Krähen ist keine willkürliche Ansammlung einzelner Vögel, sondern besteht aus intelligenten Tieren mit eigenem Charakter und eigenen sozialen Bindungen.

Wie alle intelligenten Tiere haben auch Rabenvögel einen großen Spieltrieb. Im Winter kann man sie dabei beobachten, wie sie auf verschneiten Autos Purzelbäume schlagen oder von Dächern herunterschlittern. Manche Krähen benutzen dabei sogar Plastikteile als Schlitten. Sie schlittern auf dem Bauch oder Rücken den Hang hinunter und schaukeln kopfüber von einem Ast oder einem zum Trocknen aufgehängten Wäschestück, nur so zum Spaß.

Sie fliegen Loopings, machen Sturzflüge und Saltos und fliegen sogar auf dem Rücken. Manchmal necken sie auch Hunde, Katzen oder Füchse und lassen sich dabei immer nur beinahe fangen.

Gedächtnis

Rabenvögel können nicht nur aus eigener Beobachtung und Erfahrung, sondern auch durch Kommunikation mit Artgenossen lernen. So kann eine Krähengeneration von der anderen lernen und die Krähengemeinschaft somit ihr Verhalten ändern und weiterentwickeln.

Krähen und Raben verfügen über ein außergewöhnliches Gedächtnis. Sie merken sich menschliche Gesichter und erinnern sich an »böses« oder »gutes« Verhalten der Menschen. Sie unterscheiden einzelne Menschen und ihre Eigenschaften ganz genau und können deren Verhalten einschätzen.

Es ist erwiesen, dass sie sich auch nach fünf Jahren noch an einen individuellen Jäger, Fänger oder Nesträuber erinnern können. Aber auch die Raben, die das Geschehene nur von Ferne aus beobachten, zeigen später Angst vor diesen Menschen. Ein schlechter Ruf spricht sich in Krähenkreisen also immer weiter herum. So wissen auch unbeteiligte Raben, vor wem sie sich in Acht nehmen müssen. Das Verhalten gegenüber Menschen ist demnach immer darauf abgestimmt, welche Erfahrungen die Krähen mit den jeweiligen Individuen gemacht haben.

Trauer

In ihrem hochentwickelten sozialen Verbund scheinen Krähen und Raben sogar Bestattungsriten zu haben. Viele Rabenvögel werden erschossen und sterben jung. Liegt eine Krähe im Sterben, so wird sie häufig von einem anderen Vogel ›bewacht‹. Oft versammelt sich die gesamte Krähengemeinschaft still auf einem großen Baum und nimmt Abschied, bevor alle Vögel nach einer kurzen Zeit gemeinsam wieder davonfliegen.

VI.

Raben und Krähen in der Literatur

Da Rabenvögel ständige Begleiter der menschlichen Kultur sind, ist es nicht verwunderlich, dass sie auch in der Literatur, in der bildenden Kunst und im Film einen großen Auftritt haben.
So tauchen sie, um nur einige Beispiele zu nennen, in Prosatexten und Gedichten von Rose Ausländer, Angela Carter, Ingeborg Bachmann, Annette von Droste-Hülshoff, Carol Ann Duffy, Theodor Fontane, Seamus Heaney, Ted Hughes (der den Krähen sogar einen ganzen Gedichtband gewidmet hat), Kafka, Gertrud Kolmar, Nadja Küchenmeister, Christian Morgenstern, Nietzsche, Sylvia Plath oder Ringelnatz auf. Dabei sind sie oft ein Sinnbild des Todes, der Trauer und der Vergänglichkeit. Mit dem Tod befasst sich auch eines der wohl bekanntesten Rabengedichte: *Der Rabe* von Edgar Allen Poe, in dem ein Mann um seine verstorbene Geliebte trauert.
Wilhelm Busch beobachtete die Krähen ganz genau und zeigt in seinem Gedicht von Hans Huckebein eine neugierige und liebenswerte Krähe, die sich am Ende tragisch erhängt.
Im europäischen Märchen erscheinen Raben und Krähen meistens als verwunschene Brüder, Prinzen oder Königstöchter, die eine Verwandlung durchlaufen müssen – so wie in *Die sieben Raben* der Brüder Grimm oder wie in dem polnischen Volksmärchen *Die Krähe*.
Krähen können aber auch ein Sinnbild der Liebe sein, wie im chinesischen Märchen *Der Kuhhirt und die Weberin*.

Hans Huckebein, der Unglücksrabe

Wilhelm Busch

Wilhelm Buschs *Hans Huckebein* ist, wie Raben so sind, ein frecher und schlauer und – in diesem Fall zu seinem Verhängnis – auch neugieriger Vogel. Der kleine Fritz, der ihn zu seiner Unterhaltung einfängt, erweist sich ihm gegenüber gar nicht dauerhaft als überlegen, ebensowenig wie der Spitz der Familie und Fritzens Tante. Hans Huckebein eignet sich gar nicht als das Haustier, das er sein soll, sondern erweist sich als Unglücksrabe, der nur Unheil anrichtet. Am Ende aber besiegelt seine Neugierde sein eigenes Unglück, nämlich als er ein Glas Likör probiert:

Es duftet süß. – Hans Huckebein
Taucht seinen Schnabel froh hinein.
(…)
Und Übermut kommt zum Beschluss,
Der alles ruinieren muss.
(…)
Er zerrt voll roher Lust und Tücke
Der Tante künstliches Gestricke.
Der Tisch ist glatt – der Böse taumelt –
Das Ende naht – sieh da! Er baumelt.

„Die Bosheit war ſein Hauptpläſier,
Drum" – ſpricht die Tante – „hängt er hier!"

Jetzt aber naht ſich das Malör,
Denn dies Getränke iſt Likör.

Der Tiſch iſt glatt — der Böſe taumelt —
Das Ende naht, — ſieh da! er baumelt!

Die Krähe und der Wasserkrug

Eine durstige Krähe stieß auf einen Krug mit etwas Wasser darin. Es war aber so wenig Wasser, dass sie, sosehr sie sich auch bemühte, es mit ihrem Schnabel nicht erreichen konnte. Es schien so, dass sie mit der Erlösung vor Augen verdursten würde. Endlich fasste sie aber einen sehr klugen Plan. Sie ließ Kiesel in den Krug fallen, und mit jedem Kiesel stieg das Wasser, bis es schließlich den Rand erreichte und der schlaue Vogel seinen Durst löschen konnte.
Not macht eben erfinderisch.

nach Äsop

Der Rabe und der Fuchs

Gotthold Ephraim Lessing

Ein Rabe trug ein Stück vergiftetes Fleisch, das der erzürnte Gärtner für die Katzen seines Nachbarn hingeworfen hatte, in seinen Klauen fort. Und eben wollte er es auf einer alten Eiche verzehren, als sich ein Fuchs herbeischlich und ihm zurief: »Sei mir gesegnet, Vogel des Jupiter!«

»Für wen siehst du mich an?«, fragte der Rabe.

»Für wen ich dich ansehe?«, erwiderte der Fuchs. »Bist du nicht der rüstige Adler, der täglich von der Rechten des Zeus auf diese Eiche herabkommt, mich Armen zu speisen? Warum verstellst du dich? Sehe ich denn nicht in der siegreichen Klaue die erflehte Gabe, die mir dein Gott durch dich zu schicken noch fortfährt?«

Der Rabe erstaunte und freute sich innig, für einen Adler gehalten zu werden. Ich muss, dachte er, den Fuchs aus diesem Irrtume nicht bringen. – Großmütig dumm ließ er ihm also seinen Raub herabfallen und flog stolz davon.

Der Fuchs fing das Fleisch lachend auf und fraß es mit boshafter Freude. Doch bald verkehrte sich die Freude in ein schmerzhaftes Gefühl; das Gift fing an zu wirken, und er verreckte.

Möchtet ihr euch nie etwas anderes als Gift erloben, verdammte Schmeichler!

Die sieben Raben

Brüder Grimm

Ein Mann hatte sieben Söhne und immer noch kein Töchterchen, sosehr er sich's auch wünschte; endlich gab ihm seine Frau wieder gute Hoffnung zu einem Kinde, und wie's zur Welt kam, war es auch ein Mädchen. Die Freude war groß, aber das Kind war schmächtig und klein und sollte wegen seiner Schwachheit die Nottaufe haben.

Der Vater schickte einen der Knaben eilends zur Quelle, Taufwasser zu holen; die andern sechs liefen mit, und weil jeder der Erste beim Schöpfen sein wollte, fiel ihnen der Krug in den Brunnen. Da standen sie und wussten nicht, was sie tun sollten, und keiner getraute sich heim. Als sie immer nicht zurückkamen, ward der Vater ungeduldig und sprach: »Gewiss haben sie's wieder über ein Spiel vergessen, die gottlosen Jungen.« Es ward ihm angst, das Mädchen musste ungetauft verscheiden, und im Ärger rief er: »Ich wollte, dass die Jungen alle zu Raben würden.«

Kaum war das Wort ausgeredet, so hörte er ein Geschwirr über seinem Haupt in der Luft, blickte in die Höhe und sah sieben kohlschwarze Raben auf- und davonfliegen. Die Eltern konnten die Verwünschung nicht mehr zurücknehmen, und so traurig sie über den Verlust ihrer sieben Söhne waren, trösteten sie sich doch einigermaßen durch ihr liebes Töchterchen, das bald zu Kräften kam und mit jedem Tage schöner ward. Es wusste lange Zeit nicht einmal, dass es Geschwister gehabt hatte, denn die Eltern hüteten sich, ihrer zu erwähnen, bis es eines Tages von ungefähr die Leute von sich sprechen hörte, das Mädchen wäre wohl schön, aber doch eigentlich schuld an dem Unglück seiner sieben Brüder. Da ward es ganz betrübt, ging zu Vater und Mutter und fragte, ob es denn Brüder gehabt hätte und wo sie hingeraten wären. Nun durften die Eltern das Geheimnis nicht länger verschweigen, sagten jedoch, es sei so des Himmels Verhängnis und seine Geburt nur der unschuldige Anlass gewesen. Allein das Mädchen machte sich täglich ein Gewissen daraus und glaubte, es müsste seine Geschwister wieder erlösen. Es hatte nicht Ruhe und Rast, bis es sich heimlich aufmachte und in die weite Welt ging, seine Brüder irgendwo aufzuspüren und zu befreien, es möchte kosten, was es wollte. Es nahm nichts mit sich als ein Ringlein von seinen Eltern zum Andenken, einen Laib Brot für den Hunger, ein Krüglein Wasser für den Durst und ein Stühlchen für die Müdigkeit.

Nun ging es immerzu, weit, weit bis an der Welt Ende. Da kam es zur Sonne, aber die war zu heiß und fürchterlich und fraß die kleinen Kinder. Eilig lief es weg und lief hin zu dem Mond, aber der war zu kalt und auch grausig und bös, und als er das Kind merkte, sprach er: »Ich rieche Menschenfleisch.«

Da machte es sich geschwind fort und kam zu den Sternen, die waren ihm freundlich und gut, und jeder saß auf seinem besondern Stühlchen. Der Morgenstern aber stand auf, gab ihm ein Hinkelbeinchen und sprach: »Wenn du das Beinchen nicht hast, kannst du den Glasberg nicht aufschließen, und in dem Glasberg, da sind deine Brüder.«

Das Mädchen nahm das Beinchen, wickelte es wohl in ein Tüchlein und ging wieder fort, so lange, bis es an den Glasberg kam. Das Tor war verschlossen, und es wollte das Beinchen hervorholen, aber wie es das Tüchlein aufmachte, so war es leer, und es hatte das Geschenk der guten Sterne verloren. Was sollte es nun anfangen? Seine Brüder wollte es erretten und hatte keinen Schlüssel zum Glasberg. Das gute Schwesterchen nahm ein Messer, schnitt sich ein kleines Fingerchen ab, steckte es in das Tor und schloss glücklich auf. Als es eingegangen war, kam ihm ein Zwerglein entgegen, das sprach: »Mein Kind, was suchst du?«

»Ich suche meine Brüder, die sieben Raben«, antwortete es. Der Zwerg sprach: »Die Herren Raben sind nicht zu Haus, aber willst du hier so lang warten, bis sie kommen, so tritt ein.« Darauf trug das Zwerglein die Speise der Raben herein auf sieben Tellerchen und in sieben Becherchen, und von jedem Tellerchen aß das Schwesterchen ein Bröckchen, und aus jedem Becherchen trank es ein Schlückchen; in das letzte Becherchen aber ließ es das Ringlein fallen, das es mitgenommen hatte.

Auf einmal hörte es in der Luft ein Geschwirr und ein Geweh, da sprach das Zwerglein: »Jetzt kommen die Herren Raben heimgeflogen.« Da kamen sie, wollten essen und trinken und suchten ihre Tellerchen und Becherchen.

Da sprach einer nach dem andern: »Wer hat von meinem Tellerchen gegessen? Wer hat aus meinem Becherchen getrunken? Das ist eines Menschen Mund gewesen.« Und wie der siebente auf den Grund des Bechers kam, rollte ihm das Ringlein entgegen. Da sah er es an und erkannte, dass es ein Ring von Vater und Mutter war, und sprach: »Gott gebe, unser Schwesterlein wäre da, so wären wir erlöst.«

Wie das Mädchen, das hinter der Türe stand und lauschte, den Wunsch hörte, so trat es hervor, und da bekamen alle die Raben ihre menschliche Gestalt wieder. Und sie herzten und küssten einander und zogen fröhlich heim.

Der Kuhhirte und die Weberin

Chinesisches Märchen

Ein Kuhhirte war von Hause aus arm. Als er zwölf Jahre alt war, trat er in den Dienst eines Bauern, um seine Kuh zu weiden. Nach einigen Jahren wurde die Kuh dick und fett, und ihr Fell glänzte wie reines Gold – es war wohl eine Götter-Kuh.

Eines Tages, als sie im Gebirge weideten, begann die Kuh mit Menschenstimme zu dem Hirten zu sprechen: »Heute ist Siebenabend. Der Nephrit-Herr hat neun Töchter, die heute im Himmelssee baden. Die siebente ist über alle Maßen schön und klug. Sie spinnt für den Himmelskönig und die Himmelskönigin die Wolkenseide, und sie waltet über die Näh-Arbeiten der Mädchen auf der Erde. Darum nennt man sie die Weberin. Wenn du hingehst und ihr die Kleider nimmst, kannst du ihr Mann werden und die Unsterblichkeit erlangen.«

»Das ist ja im Himmel. Wie kann man da hingelangen?«, erwiderte der Kuhhirte. Die goldgelbe Kuh antwortete: »Ich will dich hintragen.«

Da stieg der Kuhhirte auf ihren Rücken. Augenblicklich strömten aus ihren Hufen Wolken hervor, und sie erhoben sich in die Lüfte. Um seine Ohren schwirrte das Geräusch des Windes, und sie zogen dahin, schnell wie der Blitz.

Plötzlich hielt die Kuh an und sagte: »Wir sind da.«

Ringsum sah er Wälder von Chrysopras und Bäume von Nephrit. Aus Jaspis waren die Gräser, aus Korallen die Blumen. Mitten in dieser Pracht lag ein See, wie ein Morgen, so groß. Im grünwogenden Wasser schwammen goldschuppige Fische umher. Unzählige Zaubervögel flogen in der Luft singend auf und nieder. Und da erblickte er von Ferne die neun Mädchen im Wasser, die ihre Kleider am Ufer abgelegt hatten.

Da sprach die Kuh: »Nimm schnell die roten Kleider und verstecke dich mit ihnen im Wald. Und wenn sie dich noch so zärtlich darum bittet: Gib sie ihr nicht zurück, ehe sie dir versprochen hat, deine Frau zu werden.«

Da stieg der Kuhhirte rasch vom Rücken der Kuh ab, nahm die roten Kleider und lief fort. Augenblicklich wurden die neun Mädchen seiner gewahr, erschraken sehr und riefen: »Woher kommst du, Jüngling, dass du es wagst, unsere Kleider zu nehmen? Leg' sie sofort wieder hin!«

Der Jüngling hörte es, doch tat es nicht. Er duckte sich hinter eine der Blumen aus Nephrit. Acht der Jungfrauen kamen darauf eilends ans Ufer und zogen ihre Kleider an. Sie sprachen: »Siebente Schwester, der dir vom Himmel Vorherbestimmte ist gekommen. Wir Schwestern wollen dich jetzt mit ihm alleine lassen.«

So blieb alleine die Weberin ins Wasser geduckt sitzen, denn sie schämte sich gar sehr. So sprach sie zum Kuhhirten: »Gib mir schnell meine Kleider wieder!«

Doch der Kuhhirte erwiderte lachend: »Wenn du mir versprichst, meine Frau zu werden, dann gebe ich dir deine Kleider wieder.«

Damit war die Jungfrau aber nicht einverstanden.
»Ich bin die Tochter eines Gottes«, sprach sie. »Ohne seinen Befehl darf ich nicht heiraten. Gib mir schnell meine Kleider wieder. Sonst wird dich mein Vater strafen!«
Da sprach die goldgelbe Kuh: »Vom Schicksal seid ihr füreinander bestimmt. Gerne will ich die Heirat vermitteln, und der Herr, euer Vater, wird sicher nichts dagegen einzuwenden haben.«
Da erwiderte die Jungfrau: »Ein unvernünftiges Tier bist du. Wie sollst du zur Ehevermittlerin werden?«
Darauf sprach die Kuh: »Dort am Ufer, den alten Weidenbaum versuche zu fragen. Kann er sprechen, so ist eure Verbindung vom Himmel gewollt.«

Und die Jungfrau fragte den Weidenbaum, der mit menschlicher Stimme antwortete:
»Siebenabend ist heut', der Kuhhirt die Weberin freit.«
Da willigte die Jungfrau ein. Der Kuhhirte legte die Kleider nieder und ging voran, das Mädchen aber zog die Kleider an und folgte ihm nach. So wurden sie Mann und Frau. Nach sieben Tagen aber nahm sie Abschied von ihm.
»Der Himmelsherr gab mir die Aufgabe, nach den Spinnerinnen zu sehen. Wenn ich allzu lange säume, fürchte ich, dass er mich strafen wird«, sprach sie. »Aber wenn ich auch jetzt scheiden muss, so werden wir doch wieder zusammenkommen.«
Als sie diese Worte gesprochen hatte, ging sie tatsächlich weg.
Der Kuhhirte aber lief ihr nach, und als er sie fast eingeholt hatte, nahm sie eine ihrer Haarnadeln heraus und machte mit ihr einen Strich über den ganzen Himmel. Dieser Strich wurde zum Silberfluss (der Milchstraße). So stehen sie nun da, durch den Fluss getrennt, und schauen nach einander aus.
Jedes Jahr an Siebenabend kommen sie einmal zusammen. Wenn die Zeit gekommen ist, fliegen die Krähen aus der Menschenwelt alle herbei und bilden eine Brücke, auf der die Weberin den Fluss überschreitet. Morgens und abends sieht man daher an diesem Tag in den Bäumen keine einzige Krähe. Außerdem fällt an Siebenabend oft ein feiner Regen. Die Frauen sagen dann zueinander: Das sind die Tränen, die der Kuhhirte und die Weberin zum Abschied vergießen. Deshalb ist Siebenabend auch ein Regenfest.
Westlich vom Silberfluss steht am Himmel das Sternbild der Weberin, aus drei Sternen bestehend. Unmittelbar davor stehen drei andere Sterne in einem Dreieck. Es heißt, der Kuhhirte sei einmal ärgerlich geworden, als die Weberin nicht habe herüberkommen wollen, und habe mit einem Joch nach ihr geworfen, das gerade vor den Füßen der Weberin niedergefallen sei.
Östlich des Silberflusses bilden sechs Sterne das Sternbild des Kuhhirten. Etwas entfernt davon sind zahllose kleine Sterne, die ein Sternbild formen, das an beiden Enden spitz und in der Mitte breiter ist. Es heißt, die Weberin habe als Erwiderung mit der Spindel nach dem Kuhhirten geworfen, ihn aber nicht getroffen – die Spindel sei etwas entfernt von ihm niedergefallen.

Die Krähe

Polnisches Volksmärchen

In einem königlichen Schlosse lebten drei Schwestern. Alle drei waren hübsch und jung, die jüngste war aber von allen die gutherzigste. Nicht weit, etwa eine halbe Meile entfernt, stand ein zweites, schon zerfallenes Schloss, und dabei war ein köstlicher Garten. Hier ging die jüngste Prinzessin gern spazieren. Einmal ging sie die Lindenallee auf und ab, da hüpfte aus einem Rosengesträuch eine schwarze Krähe hervor. Sie war ganz zerfetzt und blutig, sodass die gute Prinzessin Mitleid mit ihr hatte. Kaum sah das die Krähe, als sie in diese Worte ausbrach:

»Ich bin keine Krähe, ich bin ein verzauberter Prinz und muss meine jungen Jahre so im Elend zubringen. Wenn du's wolltest, oh Prinzessin, du könntest mich wohl retten. Sei für immer meine Gefährtin, trenne dich von deinen Lieben und komme zu mir in dieses Schloss. Ein Zimmer ist noch wohnlich, drin steht ein goldenes Bett. Einsam wirst du hier leben. Doch vergiss nicht: Was du in der Nacht auch siehst und hörst – nie darfst du ein Angstgeschrei erheben; denn wenn du nur ein einziges Mal schreist, sind meine Qualen verdoppelt.«

Die gütige Prinzessin verließ Vater und Mutter und bewohnte in dem einsamen Schlosse das Zimmer mit dem goldenen Bett. Am ersten Abend konnte sie nicht einschlafen. Um Mitternacht hörte sie, dass etwas geschlichen kam. Die Tür öffnete sich sperrweit, und ein Heer böser Geister stürmte herein. Die Teufel zündeten auf dem Herde ein großes Feuer an, darauf kochten sie Wasser in einem großen Kessel. Dann kamen sie mit Lärm und Geschrei zum Bette, rissen das zitternde Mädchen heraus und schleppten es zum Kessel.

Sie starb beinah vor Furcht, doch gab sie keinen Laut von sich. Da krähte plötzlich der Hahn, und alles verschwand. Und da erschien die Krähe und hüpfte vor Freude im Zimmer umher. Sie dankte der Prinzessin für ihren Mut, denn schon waren die Qualen des armen Tierchens bedeutend vermindert.

Die eine der älteren Schwestern hatte das alles erfahren, und aus Neugier kam sie die jüngste besuchen. Hier drang sie so lange mit Bitten in sie, bis das gute Kind ihr endlich erlaubte, eine Nacht mit ihr im goldenen Bette zuzubringen. Als aber um Mitternacht die bösen Geister erschienen, schrie die Ältere laut vor Angst, und sogleich ertönte ein schmerzliches Gezwitscher. Von nun an nahm die Jüngste keine ihrer Schwestern mehr zu Gaste. Sie lebte einsam und litt die schrecklichste Angst vor den Geistern der Nacht. Aber plötzlich kam die Krähe, dankte ihr für ihre Ausdauer und sagte, ihre Leiden seien schon bedeutend vermindert.

So waren zwei Jahre vergangen, da sprach die Krähe zur Prinzessin: »In einem Jahre ist meine Strafzeit vorbei. Ehe ich jedoch meine wahre Gestalt wiedererlange, musst du in die weite Welt und als Magd dienen.«

Die junge Prinzessin diente nun ein ganzes Jahr lang, und obgleich sie jung und hübsch war, entging sie doch den Nachstellungen der Bösewichte. Eines Abends spann sie Flachs und war schon ganz müde. Da vernahm sie frohes Rufen, und herein trat ein schöner Jüngling, kniete nieder vor ihr und küsste ihre arbeitsmüden weißen Händchen.

»Ich bin es«, rief er aus, »ich bin der Prinz, den du durch deine Güte von furchtbaren Qualen befreit hast, als ich noch in Gestalt einer schwarzen Krähe umherwandelte. Komm nun mit auf mein Schloss. Wie glücklich wollen wir da miteinander leben!« Und sie zog mit nach dem Schlosse, wo sie solchen Schrecken erlebt hatte. Hundert Jahre lebte sie drinnen, hundert freudenvolle Jahre.

Der Rabe

Edgar Allan Poe

Einst, zu mitternächt'ger Stunde, saß ich bei der Lampe Schein,
Und in alten Schriften blätternd, schlief ich müde beinah' ein.
Horch! Da drang ein leises Klopfen sacht doch deutlich an mein Ohr.
Über das Geräusch verwundert, fuhr voll Staunen ich empor.
»Welcher Gast«, ich sprach es flüsternd, »kommt so spät noch zu mir her?
'S ist ein Gast, und sonst nichts mehr.«

Winter war's; der Sturmwind brauste, und der Kohlen düst're Gluth
War fast im Kamin verglommen. Ich erinnere mich's noch gut.
Heiß ersehnte ich den Morgen, denn in keinem Buche fand
Lind'rung ich des heißen Schmerzes, dass Lenore mir entschwand.
Leonore, die Verklärte, die nun über'm Sternenheer
Weilt, – auf Erden ach, nicht mehr!

In den seidenen Gardinen rauschte es geheimnisvoll;
Mich durchrieselte ein Schauer, und vor Furcht das Herz mir schwoll.
Um des Herzens banges Pochen zu beschwicht'gen, sagt' ich mir:
»'S ist ein Gast, der Einlass fordernd leise klopft an meine Thür.
Nein, von keiner andern Ursach' rührt das leise Klopfen her,
'S ist ein Gast, und sonst nichts mehr.«

Und ich raffte mich zusammen, öffnete die Thür und rief:
»Werther Herr, verehrte Dame, o! verzeih'n Sie mir, ich schlief.
Deshalb glaubt' ich kaum, es käme Jemand noch so spät zu mir,
Denn Sie klopften gar so leise, gar so leis' an meine Thür.«
Suchend blickt' ich in das Dunkel, aber Alles öd' und leer, –
Tiefe Stille – sonst nichts mehr.

Furchtbewegt und voll Erstaunen starrt' ich lauschend in die Nacht;
Träume träumend, die zu träumen nie ein Sterblicher gewagt.
Doch die Dunkelheit erfüllte banges Schweigen grauenvoll;
Bis der Name »Leonore« wie ein leiser Hauch erscholl;
Selber hatt' ich ihn geflüstert, und ein Echo dumpf und schwer
Tönt: »Lenore«, sonst nichts mehr.

Voller Schreck schloss ich die Thüre; horch! Da dringet an mein Ohr
Wiederum das leise Klopfen, etwas lauter als zuvor.
»Diesmal war es keine Täuschung; an das Fenster pocht es sacht«,
Rief ich, »will doch einmal sehen, wer noch kommt in später Nacht.
Wer noch kommt zu nächt'ger Stunde. Still, mein Herz, klopf' nicht so sehr!
'S ist der Wind, und sonst nichts mehr.«

Und ich öffnete die Laden; sieh! Da schreitet in's Gemach
Mit bedächt'gem Schritt ein Rabe und mit lautem Flügelschlag.
Würdigt stolz mich keines Grußes und verweilet nicht bei mir;
Fliegt, als wär' er hier zu Hause, über meine Stubenthür;
Auf den Helm der Göttin Pallas, auf das Haupt Minerva's hehr
Setzt er sich, und sonst nichts mehr.

Ungeachtet meines Kummers musst' ich lächeln, denn das Thier
Blickte mit so ernster Miene und so feierlich nach mir.
»Ob dir gleich der Kamm geschoren, kannst du doch kein Feigling sein,
Geisterhafter, alter Rabe, denn du kamst gar kühn herein.
Nenne dich, der du aus Plutos dunklem Schattenreich kamst her!«
Sprach der Rabe: »Nimmermehr.«

Sehr erstaunt' ich, als ich hörte, dass das Thier so deutlich sprach,
Wenn gleich wenig Sinn in seiner wunderlichen Antwort lag.
Denn ein Jeder wird gestehen, dass noch nie solch' seltsam Thier
Über einer Thür gesessen, wie der alte Rabe hier,
Der bedächtig niederblickte von der Büste zu mir her,
Und sich nannte: »Nimmermehr.«

Doch der Rabe, ruhig weilend auf Minervas Büste dort,
Schwieg, als hätt' er seine Seele ausgehaucht in jenem Wort.
Stumm und regungslos erschien er. Da sprach leis' ich vor mich hin:
»Viele Freunde sind geschieden; morgen wird auch er entflieh'n.
Wie die Hoffnung mir entschwunden, so verlässt mich wohl auch er.«
Sprach der Rabe: »Nimmermehr.«

Ganz erstaunt fuhr ich zusammen, als die Antwort ich vernahm.
»Sicherlich, das Wort ist«, dacht' ich, »alles was er sprechen kann.
Und er hat es ohne Zweifel oft von seinem Herrn gehört,
Der entschwund'nes Glück beweinte, das sich von ihm abgekehrt.
Bis gleich einer Totenklage dieses Wort, so kummerschwer,
Tönte: »Nimmer, nimmermehr.«

Wieder musst' ich leise lächeln, war mir gleich nicht froh zu Sinn,
Und ich schob mir einen Sessel nahe vor den Raben hin.
Auf das samm'tne Polster sinkend, dachte ich darüber nach,
Warum dieser Unglücksvogel stets das eine Wort nur sprach,
Das so trostlos klang und trübe, seltsam, schaurig, unheilschwer,
Dieses: »Nimmer, nimmermehr.«

Doch ich ließ kein Wort verlauten; stille, sinnend blickt ich bang
Nach dem Raben, dessen Auge sengend bis ins Herz mir drang.
Auf dem weichen Polster ruhend, saß ich da gedankenvoll,
Und der Lampe Silberschimmer milden Scheines mich umquoll.
»Ach, auf diesen samm'tnen Kissen«, dacht' ich und ich seufzte schwer,
»Ruht *sie* nimmer, nimmermehr!«

Plötzlich war's, als ob das Zimmer süßer Weihrauchduft durchdrang,
Und wie eines Engels Fußtritt, leis' es auf dem Teppich klang.
»Armer! – Gott hat dir gesendet Lind'rung für dein krankes Herz«,
Rief ich, »schlürf' die süße Labe und vergiß den herben Schmerz
Um Lenoren, die Verlor'ne. Gräm dich länger nicht so sehr.«
Krächzt der Rabe: »Nimmermehr!«

»Unhold«, rief ich, »Unheilkünder! Hat der Böse dich gesandt?
Sag' mir, Rabe oder Dämon, warf der Sturm dich an dies Land?
Elend und verlassen weil' ich an dem Ort des Schreckens hier,
Aber unverzagten Muthes; darum, Rabe, sage mir:
Heilt das Jenseits unsre Wunden? Dessen nur gieb mir Gewähr.«
Krächzt der Rabe: »Nimmermehr.«

»Unhold«, rief ich, »Unheilkünder! Bei dem Himmel droben sprich;
Bei dem Gotte, dem wir beide Ehrfurcht weihen, du und ich,
Werd' ich die verklärte Heil'ge, die so früh der Erd' entschwand,
In elysischen Gefilden einst in einem bessern Land
Wiedersehen, wieder grüßen, selig über'm Sternenheer?«
Krächzt der Rabe: »Nimmermehr!«

»Sei dies Wort das Trennungszeichen«, rief ich zorn- und schreckensbleich.
»Fort, hinaus in Sturmesbrausen! Fort in Plutos Schattenreich!
Lass als Merkmal deiner Lügen keine schwarze Feder mir;
Lass mich Einsamen in Frieden; fort, du Unhold, fort von hier!
Zieh' zurück den scharfen Schnabel aus der Brust mir, kummerschwer.«
Krächzt der Rabe: »Nimmermehr.«

Und der Rabe rührt sich nimmer, stille sitzt er immer, immer
Auf der stillen Büste droben, überströmt vom Lampenschimmer.
Und sein Aug' ist von dämonisch-träumerischer Gluth erhellt;
Von der Lampe Licht umflossen auf den Flur sein Schatten fällt.
Und auf meine Seele lagert sich der Schatten düster, schwer. –
Ach, und weichet nimmermehr!

Deutsch von Anna Vivanti-Lindau

Die Krähen behaupten, eine einzige Krähe könnte den Himmel zerstören.
Das ist zweifellos, beweist aber nichts gegen den Himmel, denn Himmel bedeuten eben:
Unmöglichkeit von Krähen.

Franz Kafka

Nasser Schnee – soweit der Blick reicht,
traurig sucht nach Futter
die Krähe.

Gila Grün

Krähen bei Sonnenaufgang

Christian Morgenstern

Noch flieht der Blick des jungen Tags
der Berge nebelgraue Gipfel,
und schon entschwebt, gemessnen Schlags,
die erste Krähe ihrem Wipfel.

Der schwankt, befreit von schwerer Last,
dass rings die Zweige sich bewegen:
Fahlsilbern sprüht von Ast zu Ast
des Frühtaus feiner Flüsterregen.

Doch eh' sein Flüstern noch erstickt,
enttönt ein »Krah« dem stillen Raume:
Der Vogel hat am Wolkensaume
das erste blasse Rot erblickt.

Auf allen Wipfeln wacht es auf
und schüttelt sich und ruft nach Taten ...
In lautem Streiten und Beraten
erhebt sich endlich Hauf um Hauf.

Nur zwei Gewitzte warten schlau,
bis alles nach und nach verstoben,
sie wissen einen nahen Bau,
den gestern Jäger ausgehoben.

Ein Käuzleinflügel harrt hier noch,
die Kecken lecker zu belohnen –:
Das Paar umkreist erregt das Loch ...
Braungolden glänzt das Meer der Kronen ...

Die Krähen Schrei'n

Friedrich Nietzsche

Die Krähen schrei'n
Und ziehen schwirren Flugs zur Stadt:
Bald wird es schnei'n –
Wohl dem, der jetzt noch – Heimat hat!

Nun stehst du starr,
Schaust rückwärts ach! wie lange schon!
Was bist du, Narr,
Vor Winters in die Welt – entflohn?

Die Welt – ein Tor
Zu tausend Wüsten stumm und kalt!
Wer Das verlor,
Was du verlorst, macht nirgends Halt.

Nun stehst du bleich,
Zur Winter-Wanderschaft verflucht,
Dem Rauche gleich,
Der stets nach kältern Himmeln sucht.

Flieg', Vogel, schnarr'
Dein Lied im Wüsten-Vogel-Ton! –
Versteck' du Narr,
Dein blutend Herz in Eis und Hohn!

Die Krähen schrei'n
Und ziehen schwirren Flugs zur Stadt:
Bald wird es schnei'n –
Weh dem, der keine Heimat hat!

Die Krähe

Joachim Ringelnatz

Die Krähe lacht. Die Krähe weiß,
Was hinter Vogelscheuchen steckt,
Und dass sie nicht wie Huhn mit Reis
Und Curry schmeckt.

Die Krähe schnupft. Die Krähe bleibt
Nicht gern in einer Nähe.
Dank ihrer Magensäure schreibt
Sie Runen. Jede Krähe.

Sie torkelt scheue Ironie,
Flieht souverän beschaulich.
Und wenn sie mich sieht, zwinkert sie
Mir zu, doch nie vertraulich.

Wandel

Rose Ausländer

Verdorrte Blätter zeigen uns was der Tod vermag.
Wir kleiden uns in Schweigen und düstern mit dem Tag.
Es kreisen schon die Krähen um alles was verfällt.
Der Herr lässt es geschehen, dass nichts zusammenhält.
Und ist es dann geboten, dass endet was begann,
so flehen wir die Toten um neuen Wandel an.

krähen am abend

Nadja Küchenmeister

krähen am abend. der apfelgeruch hing süß und schwer
über dem tisch. oder war ich nur müde und wollte verreisen
und rückte nicht alles näher heran? der kleine schirm

an der garderobe, die hausschuhe auf der fensterbank
und wie das holz im ofen mählich krachte. die krähen aber
hielten nicht ruhe und riefen einander durchs dunkel an.

heillose träume, die langsam verblassten: der apfelgeruch
erstickte die nacht, und meine hände bedankten sich
leise bei allem, was einmal tröstung versprach.

Schreie der Raben

Li Tai-pe

Vor der Stadt, die sommerlich im gelben Staube wirbelt,
Rasten Raben abends auf den Bäumen, krächzen, schaukeln.
Junge Frau des Kriegers, die an seidnen Fäden zwirbelt,
Hört die Raben schrein und sieht, wie auf den Fenstervorhang müde sich die abendroten Strahlen legen.
Ihre Nadel sinkt; sie denkt an ihn, den ihre Wünsche wild umgaukeln.
Schweigend sucht und einsam sie ihr Bett, und ihre Tränen fallen heiß wie Sommerregen.

nachgedichtet von Klabund

VII.

Von Raben und Menschen

Die Menschen haben Raben und Krähen stets im Blick gehabt, und umgekehrt stand die Kulturgeschichte des Menschen unter ständiger Beobachtung durch die Krähen. Denn diese sind als Kulturfolger seit Jahrtausenden mit dem Menschen eng verbunden. Aber anders als etwa die Wölfe, die zu Hunden wurden, haben die Rabenvögel sich ihre Unabhängigkeit bewahrt.

Krähen haben sich den vom Menschen geschaffenen Kulturraum als Lebensraum erschlossen und sich an ein Leben in der Nähe von Menschen angepasst, ohne dass es je zur Domestizierung gekommen wäre. Krähenvögel leben oft in enger Gemeinschaft mit Menschen, nutzen ähnliche Nahrungsquellen und meistern ähnliche Herausforderungen. So ist es kein Zufall, dass Rabenvögel uns Menschen näher sind, als es manchen von uns vielleicht lieb ist. Wahrscheinlich macht genau das auch das Unheimliche und Bedrohliche aus, das viele mit ihnen verbinden.

Die Menschheit hat sich bei der Anpassung an ihre Umwelt von der biologischen Evolution unabhängig gemacht durch die Entwicklung ihrer Kultur, dank der Anpassungsleistungen ungleich schneller möglich sind. Kultur ist durch die Bewahrung und das Weitergeben von Erfahrung, durch soziales Gefüge, Zusammenhalt, Rituale und Sprache gekennzeichnet. Und ebendiese Merkmale von Kultur weist auch das Zusammenleben von Raben und Krähen auf. Sie sind in ähnlicher Weise soziale Wesen wie wir Menschen.

Doch die Tatsache, dass Raben und Krähen große Gesellschaften mit komplexen Sozialstrukturen bilden, wird von den Menschen oft als Bedrohung wahrgenommen und ruft Abwehrreflexe hervor. Rabenvögel stellen uns vor Herausforderungen. Sie sind Konkurrent und suchen unsere Nähe, weil es sich dort gut leben lässt.

Die Behauptung, dass Krähen Saaträuber seien, ist meist in völlig übertriebener Form verbreitet, und dass sie auch Lämmer töten, ist wissenschaftlich nicht haltbar. Der Schnabel einer Krähe würde gar nicht durch das Fell und die Haut in das Innere eines solchen Tieres eindringen können – noch nicht einmal durch die Haut eines Eichhörnchens. Deshalb ist die Krähe immer abhängig von dem, was andere Räuber, wie der Wolf oder Greifvögel oder der Mensch, zurücklassen.

Früher wurden Krähen und Raben aus Dörfern und Städten vertrieben und mussten sich aufs Land zurückziehen. Heute zieht es sie jedoch wieder zurück in die Städte, da sie in vielen ländlichen Regionen von Jägern und Bauern gejagt werden. Sie gelten immer noch als Plage und Räuber und haben mit vielen Vorurteilen zu kämpfen. Dabei dürfen Krähen eigentlich gar nicht gejagt werden, da sie seit 1972 als Singvogel in Europa unter Artenschutz stehen.

Krähen in Berlin

Insgesamt sind drei Saatkrähenkolonien in Berlin bekannt. Eine der Kolonien liegt Im Bereich des ehemaligen Flughafenparkplatzes Tegel. Auf Grund der Bedeutung der Kolonie wurde 2014 ein »Fachgutachten zur Beurteilung der Betroffenheit der Saatkrähenkolonie am Flughafen Tegel durch die geplanten städtebaulichen Entwicklungen« erstellt, um die Kolonie in ihrem Erhaltungszustand zu bewahren. Die Krähen haben sich erstaunlich gut an ihren ungewöhnlichen Lebensraum angepasst. So fanden sie heraus, wie sie zum Beispiel das Granulat, das auf dem Gelände gegen winter-

liche Glätte gestreut wird, sinnvoll nutzen können, nämlich indem sie es schlucken, um andere Nahrungstücke zu zerreiben. Danach werden die Steinchen einfach wieder ausgespuckt. Und im eisigen Winter 2012/2013 haben die Tegeler Krähen die Vorzüge der großen trichterförmig angeordneten Reklametafeln entdeckt, die mitten zwischen den Abfertigungsgebäuden stehen. Das Gestänge im Inneren des Trichters bietet genug Sitzplätze für 2000 müde Vögel. Und die aus der darunter liegenden Tiefgarage aufsteigende Warmluft sorgt beim Schlafen für Behaglichkeit.

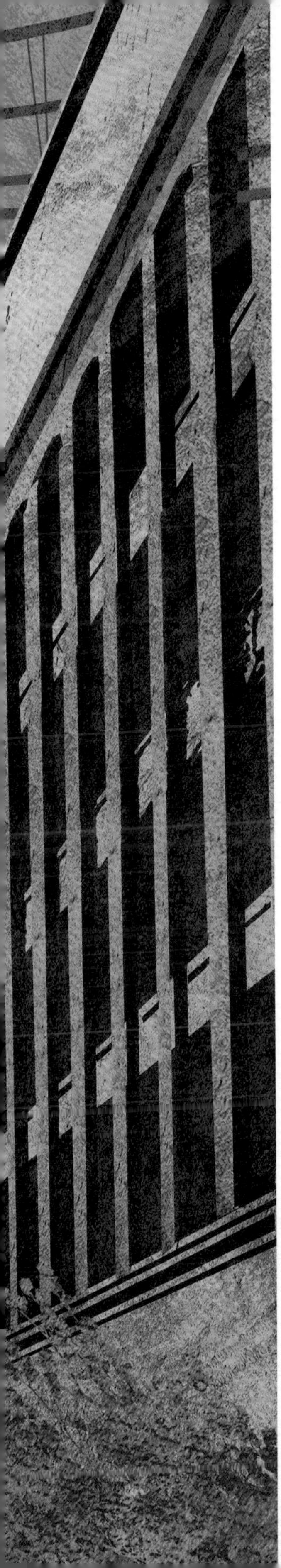

Krähen in New York

Zu der Zeit, als Edgar Allen Poe sein berühmtes Gedicht *The Raven* (*Der Rabe*) schrieb – es wurde 1845 veröffentlicht –, waren die Vögel noch ein typischer Teil des Stadtbilds von New York und inspirierten Poe zu seinem Gedicht. Im 20. Jahrhundert verschwanden die Krähen und Raben fast ganz aus New York City; doch seit etwa zehn Jahren trifft man sie endlich wieder in der Metropole an, und zuletzt ist ihre Population nahezu explodiert.

New Yorker Rabenvögel ernähren sich nicht zuletzt von Fast Food – den Hamburger-Resten, die sie allenthalben finden. Dies hat bei ihnen, so ergab eine Untersuchung, zu einem erhöhten Cholesterinspiegel geführt. Fast Food ist ungesund – auch für Raben.

Krähen in Tokio

Krähen in Tokio stellen ihre Kreativität und Anpassungsfähigkeit unter Beweis, indem sie alles nutzen, was ihnen in den Schnabel kommt, um ihre Ziele zu erreichen. So verwenden sie Kleiderbügel aus Draht für ihren Nestbau. Der Draht wird dabei in gewünschter Weise verbogen und ineinander verhakt, sodass ein ganz besonders stabiles Nest entsteht.

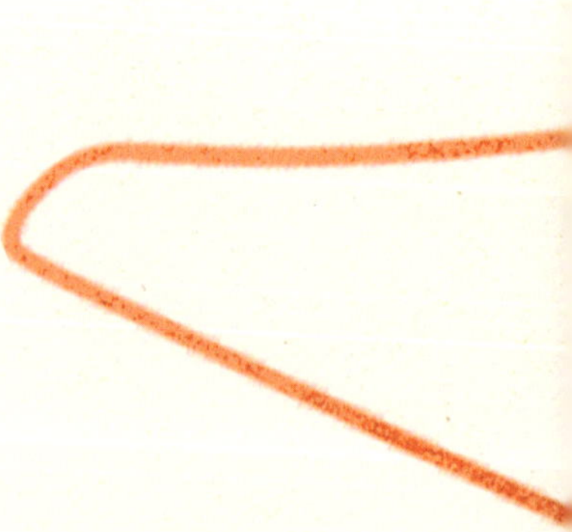

Krähen in London

Bei den Tower-Raben in London handelt es sich um mindestens sechs Kolkraben, die im Tower of London gehalten werden. Die Legende besagt, dass der White Tower, die Monarchie und das gesamte Königreich zugrunde gehen müssten, wenn die Raben den Tower verließen. Kein Wunder also, dass die Tower-Raben gehegt und gepflegt werden. Heute werden allen sechs Raben, die dort momentan leben, an einem Flügel die Flugfedern leicht gestutzt, damit sie sich nicht allzu weit vom Tower entfernen können. Es gibt auch immer einen »Reserveraben«. Leider wird aber die »Rabenkönigin« Merlina seit Januar 2021 vermisst.

Die Raben, die derzeit im Tower residieren, heißen: Jubilee, Harris, Gripp, Rocky, Erin und Poppy. Der Rabe George wurde allerdings einst wegen »schlechter Führung« aus dem Dienst im Tower entlassen, da er eine zerstörerische Vorliebe für Fernsehantennen entwickelte. Jim Crow war mit 44 Jahren der älteste Rabe im Tower. Der Legende nach werden die Raben bereits seit Jahrhunderten im Tower gehalten, jedoch lassen sich die ersten schriftlichen Belege für Raben im Tower erst gegen Ende des 19. Jahrhunderts finden. Über die Jahre haben sich seitdem zahlreiche Legenden gebildet, die als erfundene Tradition den Raben eine jahrhundertealte Geschichte andichteten. Das erste Bild eines Raben im Tower stammt aber erst aus dem Jahr 1883.

Die Faszination und enge Verbundenheit der Menschen zu Raben und Krähen spiegeln sich auch in vielen Filmen wider. Der wohl bekannteste ist Alfred Hitchcocks *Die Vögel* aus dem Jahr 1963, in dem erst Möwen, Spatzen und später Krähen Menschen angrei-

fen. Die gleichnamige Kurzgeschichte von Daphne du Maurier war die Inspiration für Hitchcocks Film. Er porträtiert die Krähen hier als Sinnbild des Bösen und Bringer des Todes, spielt aber auch mit dem Kampf zwischen Mensch und Natur.

Nachgedanke

Im Zoo sind es ganz besonders die Menschenaffen, die uns faszinieren – weil sie uns äußerlich und in ihrem Verhalten ähneln. Raben und Krähen faszinieren uns, weil sie uns ähneln, obwohl sie ganz anders aussehen als wir. Und um sie zu beobachten, müssen wir nicht in einen Zoo gehen, denn sie sind fortwährend um uns, leben mit uns zusammen. Sie nutzen, was wir nicht mehr brauchen, und wir nutzen sie als Spiegel unserer selbst: Wir beobachten an ihnen, dass Intelligenz nicht einfach angeboren, sondern eine soziale Errungenschaft ist, die mit der Weitergabe von Erfahrungen in größeren Populationen und über Generationen hinweg zusammenhängt und die sorgfältige »Erziehung« des Nachwuchses und unterschiedliche Rituale und Verständigungsweisen in der »Gesellschaft« voraussetzt. Allerdings fällt Rabenkrähen die Verständigung über die Grenzen der eigenen Großgruppe – des »Stammes« oder »Volkes«, wenn man so will – hinaus schwer und kann zu Feindseligkeit führen.

Aber da sind wir Menschen ja auch noch nicht sehr viel weiter …

Quellen

Kapitel I.

Zu den 45 Arten der Gattung *Corvus* s.: https://birdsoftheworld.org/bow/species/corvid1/cur/introduction#genusCorvus
Die Webseite wird vom Institute of Ornithology betrieben. Cord Riechelmann kommt in seinem Buch *Krähen. Ein Portrait*, Naturkunden, Matthes und Seitz, Berlin 2013, auf lediglich 43 Arten.
Zum Kolkraben s.: https://de.wikipedia.org/wiki/Kolkrabe, sowie: https://www.brodowskifotografie.de/beobachtungen/kolkrabe.html. Zur Amerikanerkrähe gibt ebenfalls Wikipedia (deutsch und englisch) gute Auskünfte.

Zur Elster s. https://www.brodowski-fotografie.de/beobachtungen/elster.html sowie www.nabu.de sowie das erwähnte Buch von Cord Riechelmann.

Für den Tannen- und den Eichelhäher war das NABU-Vogelporträt (https://www.nabu.de/tiere-und-pflanzen/voegel/portraets/) inspirierend.

Zu Rabenkrähe und Nebelkrähe s.:
www.nabu.de/tiere-undpflanzen/voegel/portraets/nebelkraehe/Krähen sowie wieder das Buch von Cord Riechelmann.

Die Informationen zur Dohle stammen aus: https://www.brodowskifotografie.de/beobachtungen/dohle.html sowie:
https://www.nabu.de/tiere-und-pflanzen/voegel/portraets/dohle/

Die Informationen zum Schildraben stammen aus:
https://www.biologie-seite.de/Biologie/Schildrabe sowie:
https://animalia.bio/pied-crow

Zum Erzraben s.: https://de.wikipedia.org/wiki/Erzrabe; http://tierdoku.de/index.php?title=Erzrabe; https://birdsoftheworld.org/bow/species/thbrav1/cur/introduction

Die Quelle zum Text über die Hawaiikrähe ist: https://www.tierwelt.ch/news/wildtiere/dutzende-arten-vor-dem-aussterben-gerettet

Kapitel II. und III.

Zu den Rabenmythen habe ich u.a. *Reclams Lexikon der antiken Mythologie* (1974) und Bd. 7 von *Lexikon des Mittelalters*, Stuttgart und Weimar 1999, zu Rate gezogen.

Kapitel IV. und V.

Zu Sprachvermögen und Intelligenz der Rabenvögel habe ich mich außer auf das erwähnte Buch von Cord Riechelmann vor allem gestützt auf: Candace Savage, *Crows, Encounters with the Wise Guys of the Avian World*, Greystone Books, Vancouver/Berkeley, 2005 und 2015, sowie: John M. Marzluff and Tony Angell, *In the Company of Crows and Ravens*, Yale University, 2005, und natürlich: The Cornell Lab of Ornithology/Birds of the World: www. birdsoftheworld.org

Besonders zur Krähensprache vgl. die Doktorarbeit von Markus Böckle, Abteilung für Kognitive Biologie, Universität Wien, März 2012.

Kapitel VI. und VII.

Wilhelm Buschs *Hans Huckebein* ist in vielen Wilhelm-Busch-Sammlungen enthalten und auch auf mehreren Webseiten abrufbar.

Gotthold Ephraim Lessings Fabel *Der Rabe und der Fuchs* ist auch in *Werke und Briefe in zwölf Bänden* nachzulesen. Hrsg. von Wilfried Barner u.a. Bd. 4: Werke 1758–1759. Frankfurt/Main: Deutscher Klassiker Verlag, 1997, S. 321f.

Die sieben Raben ist die Nummer 25 der Kinder- und Hausmärchen der Brüder Grimm

Zum chinesischen *Märchen vom Kuhhirten und der Weberin* s.: https://de.wikipedia.org/wiki/Kuhhirte_und_Weberin

Das polnische Volksmärchen *Die Krähe* findet sich in Kasimir Wladislaw Woycickis Sammlung *Polnische Volkssagen und Märchen* in der Übersetzung von Friedrich Heinrich Lewestam, Berlin, 1839

Edgar Allan Poes berühmtes Gedicht *Der Rabe* von 1845 ist hier in der Übersetzung von Anna Vivanti-Lindau aus dem Jahre1878 wiedergegeben, in deren Londoner Salon deutsche Exilanten wie Ferdinand Freiligrath und Karl Marx verkehrten.

Der Aphorismus von Franz Kafka entstammt den von Max Brodt posthum im Band *Betrachtungen über Sünde, Hoffnung, Leid und den wahren Weg* veröffentlichten Zürauer Aphorismen.

In deutschsprachigen Haiku-Foren findet man eine Anzahl von Kurzgedichten, in denen es um Krähen geht.

Das Morgenstern-Gedicht erfreut sich auf den Lyrikseiten des Internet offenkundiger Beliebtheit.

Auch Nietzsches 1884 entstandenes Gedicht ist sehr bekannt.

Die Krähe von Ringelnatz stammt aus dem 1932 erschienenen Band *Gedichte dreier Jahre.*

Das Gedicht *Wandel* der Lyrikerin Rose Ausländer (1901–1988) stammt aus dem Band *Gesammelte Werke/Die Erde ein atlasweißes Feld.* Hrsg. Helmut Braun, Frankfurt am Main, 1985, hier abgedruckt mit freundlicher Genehmigung des S. Fischer Verlags.

Das Gedicht *krähen am abend* der 1981 geborenen Lyrikerin Nadja Küchenmeister stammt aus dem Gedichtband *Gesammelte Werke*, Frankfurt am Main 2014, hier abgedruckt mit freundlicher Genehmigung des Schöffling Verlags.

Klabund (1890–1928) hat Gedichte des bedeutenden chinesischen Lyrikers aus der Tang-Periode Li Tai-pe (701–762) nachgedichtet. Die Nachdichtungen finden sich im Projekt Gutenberg.

Mehr zu den Tower Raben findet sich hier: https://www.historic-uk.com/HistoryMagazine/DestinationsUK/Tower-Ravens/

Klimaneutral
Druckprodukt
ClimatePartner.com/13916-1911-1001

Dieses Buch wurde klimaneutral produziert. Diese Initiative schützt 1.150.200 Hektar tropischen Regenwald in Kolumbien und bietet zusätzlich viele soziale Leistungen für 16.000 indigene Menschen. Mehr Infos unter: www.climatepartner.com/1288

FSC
www.fsc.org
MIX
Aus verantwortungs-vollen Quellen
FSC® C014138

Dieses Buch ist auf Papier gedruckt,
für das nur Holz aus nachhaltiger Forstwirtschaft
verwendet wurde.

Ein verlagsneues Buch kostet in ganz Deutschland und Österreich jeweils dasselbe. Das liegt an der gesetzlichen Buchpreisbindung, die dafür sorgt, dass die kulturelle Vielfalt erhalten und für die Leser:innen bezahlbar bleibt. Also: Egal ob im Internet, in der Großbuchhandlung, beim lokalen Buchhändler, im Dorf oder in der Stadt – überall bekommen Sie Ihre verlagsneuen Bücher zum selben Preis.

4. Auflage 2022

Gedruckt auf Munken Lynx
Druck und Bindung: Finidr
Printed in Czech Republic
ISBN 978-3-96428-089-3
www.jacobystuart.de